江苏高校优势学科建设工程资助项目(PAPD)
南京财经大学经济管理创新创业综合训练中心(SBZ238075)资助
江苏省高校哲学社会科学优秀创新团队建设项目资助
江苏现代服务业协同创新中心和江苏省高校人文社会科学校外基地"江苏现代服务业研究院"阶段性研究成果

基于性能（PBL）的
航空备件保障方法研究

盛海潇　著

东南大学出版社
·南京·

内容提要

伴随着科学技术的进步和飞机制造业的迅猛发展,我国具有自主知识产权、符合国际适航标准的"新型涡扇喷气支线客机"(ARJ21)下线并首飞成功,随之而来的关于航空备件的保障问题被提上了议事日程,而航空备件的保障系统中,备件保障是其中的关键问题之一。本书以现代先进的 PBL (Performance Based Logistics)保障理论为基础,以 ARJ21 为研究对象,对航空备件的保障方法进行了相关的研究,构建了基于 PBL 的航空备件保障过程以及保障能力的评估模型、保障精度的熵权预测模型,提出了航空备件保障的经济性分析方法及分析内容,最后以 ARJ21 为例,基于 PBL 理论,把ARJ21 的备件保障分为初期保障和持续保障两个阶段,分别提出相应的备件保障模型,并用相关数据对模型进行定量验证。

本书是作者根据博士学位论文的研究成果修订而成,适合研究航空备件保障工作领域的相关人士作为参考书,也可以作为物流与供应链管理专业硕士、博士学生的科研参考书。

图书在版编目(CIP)数据

基于性能(PBL)的航空备件保障方法研究/盛海潇
著. —南京:东南大学出版社,2013.12
ISBN 978-7-5641-4733-4

Ⅰ. ①基…　Ⅱ. ①盛…　Ⅲ. ①航空器—备件—
保障—方法—研究　Ⅳ. ①V267

中国版本图书馆 CIP 数据核字(2013)第 319126 号

基于性能(PBL)的航空备件保障方法研究

著　　者	盛海潇	
责任编辑	宋华莉	
编辑邮箱	52145104@qq.com	
出版发行	东南大学出版社	
出 版 人	江建中	
社　　址	南京市四牌楼 2 号(邮编:210096)	
网　　址	http://www.seupress.com	
电子邮箱	press@seupress.com	
印　　刷	江苏兴化印刷厂	
开　　本	700 mm×1 000 mm　1/16	
印　　张	11　插页 1	
字　　数	198 千字	
版　　次	2013 年 12 月第 1 版　2013 年 12 月第 1 次印刷	
书　　号	ISBN 978-7-5641-4733-4	
定　　价	36.00 元	
经　　销	全国各地新华书店	
发行热线	025-83790519　83791830	

(本社图书若有印装质量问题,请直接与营销部联系,电话:025-83791830)

前　　言

　　PBL(Performance Based Logistics)的保障理论早已被广泛应用于军用飞机的保障活动中,并取得了不菲的业绩,但在民用飞机领域,这种保障方式并不常见,本书作者首先图解 PBL 保障过程,描述备件保障过程的概率性序列运算,从而阐明基于 PBL 的民机可靠性与备件量的关系。由于飞机的可靠性与备件量的多少息息相关,而备件量又与产品的固有故障率、使用率、库存量、维修周期、机队规模等密切相连。本书假设机队规模 $n=50$,分别探讨维修周期 $t_r=30$ 天或 60 天,使用率 $\beta=0.5$ 或 0.8,有效利用率 $A_0=0.8$ 或 0.95 的条件下,运用 MATLAB 软件模拟得到飞机可靠性与备件量的关系图。

　　其次,本书运用信息熵权理论探讨航空备件保障系统的保障精度问题,分配各误差评价指标的权重,计算各单项预测方法的变异系数,用各误差评价指标的权重、单项预测方法的权重,确定组合权重系数矩阵,最后通过实例分析证明该熵权预测模型的精度。

　　本书最后是对基于 PBL 的航空备件保障的经济性进行分析。在这里,首先根据获得的航空备件保障的财务报表,应用财务分析软件稽核该财务报表,根据稽核报告,合成现金流量表,生成结构财务报表,分析保障费用的盈亏要素敏感性、基于范霍恩模型的保障活动可持续性、保障活动的经济增加值、自由现金流量、基于 K-S 模型和边际模型的盈余状况;并用阿塔曼模型评价保障活动的成功与否,用沃尔指数评价保障活动的信用能力,最后用拉巴波特模型评估保障价值。

　　在基于 PBL 的航空备件保障策略中,本书作者基于 ARJ21,提出初期备件保障的周转件、可修件、消耗件预测模型;以及持续备件保障中,根据六种故障模式,对于不可修件,采用随机过程中的更新过程建立其需求量的计算模型,对于故障分布函数复杂,常规方法难以求解的情况,本研究采用 Monte

Carlo 法模拟故障次数,计算不可修件的需求量;对于可修件,根据不同维修方法对备件寿命周期的影响,本研究引用"维修度"量化维修程度,应用遗传算法优化维修度的参数估算值,用广义更新过程建立可修件需求量模型。最后,运用算例检验模型的有效性。

本书在编写和出版过程中,得到了南京财经大学的课题经费资助,这些资助项目是:江苏高校优势学科建设工程资助项目、经济管理创新创业综合训练中心资助项目(SBZ238075)、江苏省高校哲学社会科学优秀创新团队建设项目、江苏现代服务业研究院资助项目,在此表示最诚挚的谢意!

编者

2013 年 12 月

目　　录

目录

3

1 绪 论

1.1 选题依据

1.1.1 研究背景

2012 年 9 月 5 日,波音公司在北京发布预测,到 2031 年的未来 20 年,中国将需要 5 260 架新飞机,总价值达 6 700 亿美元。波音预计,凭借年均客运量7.6%的增长速度,中国将成为全球飞机需求最为强劲的第二大市场[1]。波音民用飞机集团市场营销副总裁兰迪·廷赛斯指出:"中国市场对新飞机的需求 75%以上是为了满足市场增长,而非替换老龄飞机。持续强劲的经济增长、日益频繁的贸易活动以及不断增长的个人财富是主要驱动因素。"蓬勃发展的航空市场带来空前机遇,在机遇面前,我国民机制造业也做好了迎接挑战的准备。我国已经成功研制具有自主知识产权、符合国际适航标准的"新型涡扇喷气支线客机"(Advanced Regional Jet for the 21st Century,简称 ARJ21 飞机),并首飞成功[2]。2008 年中国商用飞机有限责任公司(简称"中国商飞公司")成立,中国大飞机 C919 已进入制造阶段,有望 2014 年首飞。

在现代航空运输领域,为维持飞机的正常运营,备件保障是一项必不可少的工作,民航业素有"飞机就是飞备件"之言,这主要有以下几方面的原因。第一,飞机的高安全性和高可靠性要求决定了备件必须具有严格的设计、制造、管理体制和规范;第二,随着民用航空业走向市场,赢利作为各航空公司重要的运营目的,他们对飞机提出了高发付率要求,没有科学、高效的备件支援是不可能达到这一要求的;第三,对于飞机制造商而言,备件支援本身就是其赢利的重要手段之一,例如,大约 6 000 架飞行在世界各地的波音飞机安装了中国制造的零部件和组件;第四,随着世界经济和科技的迅猛发展,民机制造领域的竞争非常激烈,生产商在追求高品质飞机的同时,无不将高效、便捷的备件保障系统作为新的卖点,于是"产品+保障"成了飞机生产商最终赢得市场的重要条件；第五，在民航运输市场上，"经济、安全、正点"成为客户选择运营商的出发点和立足点，这又与飞机运营商的管理、维护水平有关，而其中备件支援水平又是其中的重要环节之一。以上这些都表明航空备件的保障问题在民机运营中的重要地位。

备件是保障飞机正常营运的重要物质基础，服务于维修活动。但是飞机生产商经常发现有些备件有较大的库存量，却得不到航空公司（或使用者）的订单，拿到的订单往往又没有库存。航空公司也经常发现许多备件成为"呆滞航材"，而维修需用备件又没有或库存量不够，于是出现了 AOG（Aircraft On Ground）现象。为什么呢？道理很简单——缺乏科学的备件支援技术和方法。备件保障是提供飞机正常飞行所需的结构件、标准件、系统件和成品附件的一系列工作，包括制订备件计划、采购备件、建立科学合理的备件库、随时处理飞机紧急订货、迅速满足用户需求等。备件保障系统的运营集中体现了现代管理理论、物流技术、信息科学等相关领域的最新科研成果。

备件保障是为实现飞机持续适航目标，从飞机研制开始就同时研究保障要素、保障资源及保障规模，以期以最低保障费用为飞机提供最高的效能。它描述了所有关于飞机的售前、售后活动以及与之有关的用户保障、商务和技术保障，这些保障工作贯穿于飞机的设计、生产、试飞、销售、使用和退役的全过程。

随着科技的进步，飞机保障的范围也发生了根本性的变化，供应商从单纯提供零备件，到提供维修服务，再到提供全系统服务，供应商并不仅仅是被动地提供零备件，而是主动为飞机使用方制订备件供应计划，以降低费用、提高效能为出发点，以备件供应链上的节点企业为管理对象，以期实现整条供应链的绩效最大化，这时的备件供应商已经成了供应链的集成商。这种保障方式有多种实现路径，其中最为典型的就是起源于美国军方的"基于性能的物流"（Performance Based Logistics，PBL）。在美国，PBL 已经成为军方首选的保障方式。美国军方的 PBL 保障范围包括：

海军方面：HH60；F/A-18E/FFIRST；F404 和 J52 的发动机维修；ARC210 雷达系统；F14 的显示器；APU 的维修[3]。

空军方面：T38；C17；Fl19 的发动机维修。

陆军方面：T700 的发动机维修；固定翼飞机：C12、C23、C26、C37、UC35 等。

美国海军的库存管理站(NAVICP)是推行 PBL 的先锋。基于 PBL 的保障合同正在改变政府与供应商之间的关系。在国际上,类似的基于性能的物流保障合同的应用也在增加。如:德国的 NH90 直升机,英国的"美洲虎"、Canberra、"海鹞"、"猎迷"、"狂风"、EH101、A330 加油机等。另外,以色列(教练机,PFI)、科威特(霍克、巨嘴鸟)、新加坡(教练机,PFI)和澳大利亚(霍克)等国在一些机型上均采用类似的物流保障模式[4]。

1.1.2 航空备件保障工作现状

随着全球航空制造业的迅速发展,世界各大航空企业为在市场竞争中保持领先地位,将服务与维护作为企业发展的焦点,竞相采用先进的科学技术,建设和改进自身的客户支援服务系统,创建了自己的数字化客户服务系统,运用当前的信息技术将分散在世界各地的相关信息综合起来,使不同地方的制造商、合作者、客户实现生产、技术、服务等信息的共享,将高效、完善、便捷的服务提供给客户[5]。其中比较著名的数字化客户服务系统如:波音公司的 myboeingfleet. com 网站、空中客车公司的外部门户网站(https://services. airbus. com/airbusauthentication/unmatched/unmatchedUrl. html)、巴西航空工业公司的客户支持与服务系统(http://www. embraer. com. cn/suporte-cliente/index. shtm)、加拿大庞巴迪公司的 http://www. bombardier. com/en/aerospace. html 网站、Fokker 的 ABACUS 产品支援方案(http://www. fokkerservices. com/FLY-for-Dash-8-ABACUS)等都将备件支援作为其中的重要内容之一[6]。

波音公司通过 My Boeing Fleet 每天都会对其门户平台内容进行更新,对重大的改进或内容修订进行通知,航空公司可以看到与其机队有关的客户化修订信息。该门户平台可以直接从后台业务系统实时检索信息,如波音全球备件中心的实时库存、报价等信息;在检索波音服务通告后希望得到部件订购的信息,通过自动链接可以帮助用户识别相关的部件、获得部件信息(部件描述、库存情况和互换性)和部件订购信息等。

空中客车公司通过客服网站为客户提供零备件订购的在线信息,客户可从其在线服务系统(AOLS)获取航材保障(零部件信息、采购和跟踪服务)和技术资料等信息。该在线服务系统还允许客户从空中客车的一些数据库直接检索信息(如 MTBUR、签派率、飞机和备件直接维护成本以及飞机配置等)。

巴西航空工业公司在数字化客户服务方面也做了大量的工作，提供全方位服务的强大工具，在航材交易、维修规划、机队管理、库存管理、服务跟踪、零部件需求预测等方面具有很强的实用价值，用户借助客户支持与服务系统可以在全球范围内进行供应链合作和实时的电子商务，如在线招标购买航材、出售不需要的零备件、寻求技术服务供应商等。

加拿大庞巴迪宇航公司通过 BOSS(Bombardier Online Spare System)系统提供备件支援服务，使用户能够看到世界范围内的库存、获取备件价格、实现备件在线订购，并每天进行信息更新。

Fokker 公司客户服务部选择 ABACUS 方案提供创新的备件物流服务，利用先进的信息技术系统准确、高速、经济、可靠地将零备件运输到世界各国客户，从而降低经营及备件支援成本。

国内的民机制造企业如西安飞机制造公司等也初步建立了一套客户服务体系，能比较有效地完成各型飞机的售后服务的基本工作，其中在备件管理方面开始引入 ATA 2000 规范，提供包括备件供应在内的各种服务。

但总体来看，国内民机制造商没有完全按照 ATA 系列国际规范来运作和管理保障系统和建立备件管理信息系统，尚不能对备件进行有效管理，对供应商缺乏有效控制，备件储备不足和备件盲目储备造成资金占用和浪费的情况比较严重，无法提供让飞机用户满意的备件保障[7]。

1.1.3　PBL 的实施现状

关于 PBL 的研究和实施最早是来自美国军方，早在 1998 年美国国防部的一个工作组根据"防务授权法令"912C 节的授权进行了一项关于产品保障的创新性工作，他们的工作成果被写入一份名为《21 世纪的产品保障》的报告中，该报告描述了一种全新的被称为"基于性能的物流"的保障模式。随后，国防部制订了 PBL 的工作计划，该计划分为三个阶段[8]。

第一阶段(1999—2000 年，启动阶段)：建立和培育实施 PBL 的环境。

第二阶段(2000—2001 年，评估阶段)：国防部确定 30 个试点项目来评估实施 PBL 的创新方法。这些项目涵盖所有重大武器系统族以及寿命周期的不同阶段，并贯彻了 PBL 的不同备选策略，包括全系统性能责任合同、子系统现代化、灵活的持续能力和创新的性能协议[9]。

第三阶段(2002 年开始，实施阶段)：2001 年，在四年一度的防务审查(Quadrennial Defense Review,QDR)报告中，美国确定了向基于能力的部队转型的方向,全面推行全寿命周期系统管理(Total Life Cycle Systems Management,TLCSM)和基于性能的物流(PBL)[9]。2003 年,颁发 5000.1 采办文件,提出 PBL 整体战略,并要求项目经理制定和实施 PBL 策略,目的是使整个系统的效能最高,同时又使费用最低。该文件强调应根据法律要求,借助政府和工业部门的合作伙伴关系,最好地利用公共和私营部门的能力[10]。2004 年 11 月,美国国防部颁发"基于性能的物流产品保障指南",指出 PBL 是国防部首选的产品保障政策。PBL 的本质是购买性能,而不是像传统的方法那样购买个别零部件或修理活动,实施 PBL 可以经济有效地满足作战部队的作战要求。国防部积极改革合同和投资机制推进 PBL,以便购买按照性能参数度量的可用性和战备完好性[11]。

实施 PBL 后取得的成效是多方面的。比如美国空军与波音公司合作的 SC-17 的 PBL 保障项目,实施 PBL 后 C-17 的实际飞行时间比预期高出 5%,美国空军最初预计每架飞机每年的飞行时间约为 1 000 小时,实际上该项指标达到了 1 200~1 300 小时[12];C-17 的执行任务率(MCR)目前保持在 85% 左右,飞机可用度平均达到 72%;用户满意度的主观评定超过 90%;C-17 备件在窗口迅速领到的发放率,保持在 90% 以上,其他的备件有 90% 以上能够在 48 小时内送达;波音几乎是百分之百地严格按照时间进度交付所维修的 C-17;美国空军表示 C-17 的可用性达到了美国空军大型机队中的最高水平,波音也因此获得激励金[13]。

还比如,罗·罗公司自 2003 年起为美海军 F405-RR-401 发动机提供 PBL 保障。在 2003 年之前,库存发动机的可用度已降至 70%,平均的翻修寿命低至 500 小时,而一台发动机通常的寿命应是 1 000~2 000 小时。实施 PBL 之后,平均换发间隔由 700 小时提高至 900 小时,计划内的发动机拆卸率下降了 15%,发动机的平均翻修寿命提高到 1 000 小时。在实施 PBL 的第一年年底,发动机的可用度达到 85%[14]。

PBL 保障在提高装备效能的同时,也降低了保障费用[15]。据美国海军统计,F/A-18E/F 实施 PBL 5 年期间,节约工程费用 476 万美元,节约综合保障费用 601 万美元,节约信息系统费用 1 108 万美元,节约保障设备费用 7 886 万美元,节约技术发行费用 464 万美元,节约主要结构修理和裁剪中继级维修费用 6 350 万美元[16]。其他项目如 H-60 试点项目,节省总费用 40 亿美元;每年节约美国海军警卫队(USCG)的管理费用 32 万美元。

PBL 在实战中也有不菲的表现。阿富汗战争 PBL 成效初现,伊拉克战争 PBL 成效显著[17]。

阿富汗战争期间，美国海军的辅助动力装置（APU）和空军的联合监视目标攻击雷达系统（JSTARS）的物流保障达到了历史最高水平，这两个项目都采用了 PBL 的保障模式[18]。关于 APU 的 PBL 项目，2000 年 6 月，海军库存控制处（费城）授予 Honeywell 公司及其合作伙伴美国 Caterpillar 物流公司、Cherry Point 航空站（美国海军陆战队所属）一份为期 10 年的 PBL 保障合同（包括 1 个五年的基本期和 5 个一年的合同选项），依据合同，Honeywell 公司提供技术状态管理、项目管理和原始设备制造商（OEM）零部件；Caterpillar 物流公司负责库存、包装和配送；Cherry Point 航空站提供基地维修以及人力资源。实施该项目的主要目的就是提高保障可靠性、减少响应时间、降低保障费用，同时维持核心建制能力。自实施 PBL 以来，Honeywell 公司将用户等待时间从原来的 35 天锐减到 5.5 天，同时减少备件滞发单 80%，估计节约成本超过 5 000 万美元[19]。在阿富汗战争中，该项目发挥了巨大作用，例如为满足直接的作战需要，合同要求 Honeywell 公司实现 60% 的需求增长，并且在 4 天之内完成这些需求的 98%，且规定从订货到交付的平均时间不超过 6 天，这些保障目标最终都得以实现。同样，空军 JSTARS 的 PBL 项目在阿富汗战争中也发挥出色，该项目由 Northrop Grumman 公司负责提供全寿命保障，最终 Northrop Grumman 公司交付的飞机可用度超过 85%，大大超出了空军的预期目标，并且估计节约费用约 3 100 万美元。所有这些成果中最值得称道的是，在阿富汗战争 249 个战斗架次中，JSTARS 实现了近 100% 的发付率[20]。

伊拉克战争中，超过 12 个项目实施了 PBL 保障，所有这些保障均超过了作战需求。其中特别出色的有 F/A-18 E/F 战机和 F-117[21]。军机中，F/A-18 E/F"超级大黄蜂"是第一个舰载机 PBL 项目，它部署于三艘航母上参加伊拉克战争，共作战 5 400 个飞行小时。F/A-18 E/F 的 PBL 保障由项目办公室、波音公司、海军库存控制站、海军航空站共同实施，这个团队提供的备件超过 95%，并在 48 小时内交付备件，此快速响应的保障使 F/A-18 E/F 的发付率超出 90%，在高强度作战期间，成功发付率超过 97.1%[22]。F-117 在 Lockheed Martin 公司的 PBL 保障下，战备完好性也创出历史最高水平。美军在 2000—2005 年由于推行 PBL，从而总共节省 150 亿美元的保障费用[23]。由于这种保障方式效果显著，美军的保障推行范围越来越广，力度也越来越大。在 2002 年时，采用 PBL 保障方式的项目还只有 57 项，到

基于性能（PBL）的航空备件保障方法研究

2005 年底就达到了 143 项,到 2006 年 7 月份更是达到了 215 个。据预测,随着信息化建设的不断推进,采用 PBL 保障方式的项目还会进一步增加,而且这种保障方式正逐步向民用项目推进[24]。

1.1.4 研究的意义与价值

PBL 是一种系统产品保障策略,它把保障作为一种综合的、经济上可承受的性能来购买,使系统的完好性达到最高水平。在明确规定保障功能的归属权和操作权的基础上建立新型的保障结构,以满足系统装备的性能要求。因此,在飞机的研制早期,就需要在航空公司和备件支援项目主承包商之间建立起一种长期的合作关系,项目经理任命一名"系统性能综合人员"负责协调航空公司和项目主承包商部门的保障力量;航空公司负责制订协议备忘录,项目主承包商负责制订合同,合同中将明确规定飞机的性能要求以及验证飞机是否达到性能要求的方法。在长期合作的基础上,项目主承包商在达到航空公司规定的性能要求的基础上,会想方设法地降低后勤保障的成本;如果飞机的性能高出指标,主承包商就会得到奖励,反之,则会受到惩罚。这一保障方式是将已有的多个保障单元联合起来,以飞机的性能为指标,以效能分析为着眼点,建立效能指标与保障要素之间的函数关系,研究这一问题对实施航空备件的保障工作具有重要的意义,也是保障实践中需要解决的问题。

以我国目前的航空备件保障系统理论和方法为基础,研究基于 PBL 的航空备件保障系统控制方法及实际应用,不仅对提高我国民用飞机等大型运输工具的备件管理水平具有理论指导和技术支持作用,而且可以推广应用到汽车、船舶、核电站等大型设备和设施的备件管理中。

航空备件是维修的备件。伴随设备技术水平的提高,设备的结构趋于复杂,且具有更强的系统特性,客观上要求设备维修和管理的技术含量不断提高。备件保障系统控制已成为一门边缘的、综合的、系统的学科;备件管理人员需要掌握运筹学、后勤工程学、系统工程学、综合工程学、可靠性工程、工业工程、管理科学、工程经济、价值工程、人机工程等知识。

备件保障系统的研究目前正处于方兴未艾的时期,随着我国航空工业 ARJ21 飞机的自主研制,以航空备件为研究对象,以有限维修能力为约束条件,研究保障系统控制理论和方法已成为一项重要工作。

备件管理作为管理工程科学的一个重要分支,我国迫切需要对一些关键技术继续进行深入研究,每个成果都有可能对保障系统的提高产生很大的推动作用。因此,对基于 PBL 的航空备件保障系统进行研究,具有重要的理论指导意义和工程应用价值。

1.2　研究现状

1.2.1　PBL 的研究现状

PBL 已经在军事领域中有十多年的应用时间了,目前关于 PBL 应用情况的介绍性文章比较多,但是因为军事领域的很多研究成果涉及国家安全和军事机密,只有少数结论公布,其具体研究过程和模型难以获取,所以关于 PBL 的可参阅的文献并不多[25]。主要的有:

美国军方对 PBL 的相关研究有很多,如 PBL 与需求的关系,PBL 与全系统寿命周期费用的关系,PBL 的法律规定,PBL 的文化内涵,PBL 的组织设计、风险因素、资金筹措、教育训练等[26]。其中,Dana Hurst 的研究认为 PBL 为美国军方的采购改革及供应链物流管理提供了指导思想。Shane T. Openshaw 对 PBL 与减少对合同商的技术依赖问题进行了研究,他指出如果能更早地实施 PBL,而不是在武器装备部署到部队后才进行,PBL 的实施效果会更好,他同时指出,应该改进保障系统的供应链,以满足增加的 PBL 项目数量[27]。他还提出应该把 PBL 的实施工作与国防部的后勤流程改革结合进行[28]。从长远看,PBL 将会减少军方对合同供应商的依赖[29]。Kristan Mendoza 和 Lisa Devlin 研究了 PBL 的组织结构与 PBL 实施成功的关系[30]。Christopher Gardner 在他的硕士论文中指出实施 PBL 的时候可通过适当的刺激来平衡合同商和军方之间的风险[31]。近几年,西方国家每年都举办 PBL 的国际性会议,出席会议的代表包括企业界、军界、高等院校及研究机构的人员,会议主要围绕 PBL 的理论研究、实践探讨、经验和教训等主题内容展开讨论,如 2008 年的 PBL 年会的主题包括:PBL 的采购倡议;何时何地、如何实施 PBL;合同商参与 PBL 的意义;PBL 实施过程与里程碑;竞争源的评估;预测及健康管理;PBL 的关键问题处理等等[32]。

另外,Sols 等人开发出一种用于 PBL 筹划的 n 维效能模型[33]。Kapaln 和 Nowicki 等发表了关于探讨 PBL 合同库存配置的研究文章[34]。虽然这些研究分析了支持 PBL 的商业模型和规模较小的数学模型,但缺乏的是引导和整合这一重要研究领域的总体框架[35]。目前需要有一个明确的总体框架来对 PBL 的实质作一个简洁的描述,以及给指导总体 PBL 研究议程打下一个良好的基础[36]。David Nowicki 采用扎根理论的方法,在大量访谈与 PBL 相关和无关的管理人员的基础上,指出了 PBL 理论构架、范畴和各相互关系,同时对涉及 PBL 的学术和从业者文献进行了仔细的审查,对政府问责办公室有关 PBL 的报告进行了审核,总计对积极从事 PBL 筹划的经理进行了 60 次有记录的访谈,在由那些参与 PBL 和非 PBL 生产前支援的管理人员所开的研讨会和会议上验证了这些发现。这些访谈给新建立的框架提供了强有力的理论例证,为以后的 PBL 研究打下了一个良好的基础[37]。Kim 等人在对策论的理论框架下,权衡装备效能风险和备件库存水平之间的关系,并进行相应的调查研究[38]。Nowicki 等提出了一个优化决策策略,以使得多产品在多级库存控制下的利润最大化[39]。这两项研究都以备件保障率作为一个代理衡量的标准,来测量装备的可靠性。装备的可靠性被指定为 PBL 合同中的关键性能指标之一,可以通过提高"平均故障间隔时间 MTBF (Mean Time Between Failures)"或降低"平均维修时间 MTTR(Mean Time To Repair)"来提高可靠性。对于一个可循环使用的可修件,在每一个循环周期里,使用时间等于 MTBF,送修时间等于 MTTR,假如"A"表示可靠性,则:

$$A = \frac{MTBF}{MTBF + MTTR} \tag{1.1}$$

上述公式表明,装备"可靠性"由"平均故障间隔时间"及"平均维修时间"共同决定。提高 MTBF 或降低 MTTR,都可以提高装备的可靠性。两种方法中往往采用提高 MTBF 的方法:配置多余的备件,或按照计算的可靠性配置备件[40]。在这两种情况下,问题的关键是要求得在有限资源制约条件下的最高可靠性,或求得成本最小化条件下的最佳备件库存量。确定"可靠性"时人们往往考虑的是材料成本、设计成本和生产成本,忽略了支援成本,因此,装备系统在全寿命周期费用方面往往是次优的。公式(1.1)中,MTTR 在提高装备可靠性方面起支点作用,在可修件的库存模型中,MTTR 主要取决于两个因素:备件库存水平和维修时间[41]。高的备件库存水平可以保障现有的备件可用性,同时,迅速维修可修件可以加速库存补给。因此,可修件库存管理的目标是备件的可用性或空缺率最大化,或者最大限度地减少预期暂时无法满足的订货。随着装备系统的持续支援策略趋向于采用 PBL 方式,对降低库存的关注被重新得到重视,这是因为负责支援保障的供应商为了获得经济回报,会努力达到要求的可靠性目标[42]。在这一发展趋势的导向下,Nowicki 等提出了各种回报函数,并评价了它们对供应商在多级库存、多产品库存条件下获利的影响[43]。Öner 等推导出全寿命周期成本模型来分析支援成本和装备可靠性之间的关系,并求得两者之间的均衡,他使用的是 M/M/s/s 排队论的方法。Jin 和 Liao 研究出了多级分解库存控制策略来处理与时间相关的备件需求支援流程[44]。

在我国,关于 PBL 理论体系的研究,主要体现为装备全系统寿命周期的管理、合同商的保障及军民一体化的保障[45]。我军 20 世纪 80 年代引进西方发达国家尤其是美军的全系统寿命周期管理理论,提高了装备保障期的使用完好性[46]。比如 1999 年我军方发布的《装备综合保障通用要求》(GJB3872-99)中引用美军的 PBL 概念,从全系统寿命周期管理的角度定义综合保障:“在装备的全寿命周期内,为满足装备战备完好性,降低全寿命周期成本,综合考虑系统的装备保障问题,确定保障要求,进行保障设计,规划保障资源,及时地提供装备保障的一系列活动。”同时指出“综合保障的要求是以合理的全系统寿命周期成本实现装备战备完好性的要求”,在综合保障任务中强调“在设计过程中就应该进行装备的保障性设计[47]。”关于合同商保障和军民一体化保障问题的研究成果较多,主要是刊物上发表的论文,研究内容主要有:跟踪美军的合同商保障理论和实践;探讨合同商保障意义、合同商保障遇到的困难、合同商管理内容、合同商的保障环境、合同商的保障体制等[48];研究一体化保障现状及问题;建立装备一体化保障体系、运行机制等[49]。

1.2.2 航空备件保障系统的研究现状

20 世纪 50 年代,国外企业界及理论界已认识到飞机等装备或因缺乏备件,影响战斗力;或因过量存储备件,造成不必要的经济损失,认识到备件计划工作对降低飞机寿命周期管理费用的作用[50],并从 60 年代开始大量研究备件保障问题。备件管理主要是备件目录清单的管理,主要包括:备件分类、备件需求量模型、备件需求量计算[51]。另外,还有一些维修与库存、供应网络的分布,可靠性影响等,并依据实际应用情况建模[52]。备件清单数量是保障飞机在正常飞行条件下需要的备件种类和数量。经过多年研究,各路专家提出了大量的备件需求量模型,并进行了可行性分析,从20世纪80年代起就制订了装备备件配置要求、备件供应计划管理、备件需求量分析的标准手册,并在实践中得到了较好应用。

备件管理的主要问题是备件的分类,常用的分类方法是按照Pareto原则的ABC分类法,这种方法简单而实用,应用范围广,但是管理工作较为复杂。另外,根据价格可将备件划分为高价件、低价件。除了价格依据外,备件还有很多分类标准[53]。如Duchessi按备件清单费用与危害度对备件进行二维分类;Flores和Whybark对可修件采取了多标准分类法;Petrovic以备件特性,如:系统可用性、备件价格及重量、备件需求量、备件可用性、维修效率等指标建立专家系统,优化备件管理。另外,Moore根据飞机可靠性、性能指标、系统策略等提出备件的库存管理模型,按功能—经济分类,通过费用—储备量对备件进行管理[54]。Gajpal等采用ABC法、FSN分析法、VED分析法等提出备件需求优化方案。无论是备件管理,还是备件预测,合理分类备件都是相当重要的。

关于备件需求模型,因为其对飞机制造商的经济效益和航空公司的经济效益都有较大影响,因此这方面的研究更深入、更具体[55]。经过50多年的努力,关于备件需求模型及备件特性方面的研究大体可分为以下几类:

(1)基于时间的备件量模型。20世纪50年代,RAND公司对可修件进行了研究;Geisler、Brown和Hixon在1954年7月开始根据故障模式调整备件需求,出版了关于飞行时间和备件需求量之间关系的调查报告,他们认为泊松分布模型是使用最广、最易于处理、最有用的随机函数模型。如果备件需求时间服从指数分布,则特定时间的备件量被认为服从泊松分布。1957年,Goldman提出备件需求水平与其基本特性相关[56]。1963年,在Goldman研究的基础上,H. S. Campbell采用多重关联法和回归分析法预测飞机备件量,他以备件量为被解释变量,通过分析得出备件量与飞行时间密切相关。Steven D. Kephart,Richard C. Roberts(1995)采用多重线性回归法、泊松回归法及泊松拟合法研究备件量与故障模式的关系,取得了较好的结果,证实了假设[57]。据Geisler和Brown的研究,备件需求量并不完全服从泊松分布,所以Youngs、Geisler和Mirkovich改进备件需求模型为负二项分布,后经证实,在理论上"复合泊松过程"更加精确,但由于其单个方差难于计算,故仍采用齐次泊松分布计算备件需求量[58]。

（2）可修件的 Palm 定理预测。基于 Palm 定理的预测方法是备件预测的主要方法。Eeney 和 Sherbrooke 用 Palm 定理预测可修件的需求量。Sherbrooke 认为:Palm 定理从需求过程概率分布及修理时间分布平均值出发,估计可修件稳态概率分布;其过程满足四个假定条件:需求过程服从泊松过程;需求及修理过程独立;修理能力无限;修理时间独立同分布[59]。在此条件下,用 Palm 定理计算任一时间内的可修件数,实践证明,这种方法在计算可修件上作用巨大。对可修件预测,给定时间间隔内的故障时间、故障修复时间由 Palm 定理重新表述。采用美军标准(如 MIL HDBK 217)进行备件预测会导致过量储存,而急需的备件又常供不应求[60]。这主要是因为军用标准只有 MTTF 和 MTBF 两个数据,而国防部的军用标准中,预测的故障并没发生,很多零部件的役龄假设并不真实。Schrady(1967),Nahmias and Rivera(1976),Mabini 等(1992)对待单级可修件问题,都采用 EOQ (Economic Order Quantity)模型来平衡订货量和修理件的关系。关于随时间变化的随机单级可修件问题,Allen and D'Esopo(1968),Simpson(1971),Muckstadt 和 Isaac(1981)、Schaefer(1989)、Dhakar 等(1994)进行了相关研究,解决了这个问题,但忽视了多契约的问题[61]。Gross 研究了修理设施分配问题及更换可用备件问题[62]。Nakagawa 研究了最小修理在不同阶段的更换策略,这些包括:随机故障;两个改进策略(一个件失效,使用新件替换);三个不完全性预防维修策略(一个在 pm 之后故障率不变;一个在 pm 之后故障率变小;一个在 pm 之后故障率变大);第 K 次故障后更换建模,有两个通用模型:类型 2 故障发生时,或类型 1 故障发生到第 K 次时,该寿命件需替换;一个系统含有两类部件:部件 2 发生故障,或部件 1 发生第 K 次故障时,这两个部件组合的系统需要更换。备件的库存管理是依据故障件的修理能力调整库存[63]。Allen 和 D'Esopo 推导的最小库存费用是基于两个方面的考虑:一是因缺货产生的违约金的期望值,二是系统总费用。采用两个独立的泊松过程来计算可修件、不可修件的库存量,计算寿命周期内的任意时间期望缺货量,并决策库存水平及补充订货量[64]。Yeralan 等提出了一个描述停机—修理率的函数,其中包含四个变量:无维修停机率、维修数量、修理人数、最大的可能修理率。该经济模型是最大纯收益模型。Brammer 和 Malmborg 提出了一个稳态或非稳态下的确定性可修件的维修需求模型[65]。

（3）METRIC 模型的应用。1966 年，Sherbrooke C. C. 首次提出了 METRIC(A Multi-Echelon Technique for Recoverable Item Control)模型，它主要用于解决多层次(depot & base)备件供应问题。结果如刘喜春所指，模型假定的无限次修理设施常导致备件量过少，且限制条件多，因而影响了使用[66]。之后，该模型演变成了 MOD-METRIC，VARI-METRIC 和 DYNA-METRIC 模型。1980 年，RAND 公司的 R J Ilillestad 提出了 DYNA-METRIC 模型，该模型考虑了多级库存，并以系统的可用度为目标，但在动态环境下，物流保障影响飞行部件性能，它利用非稳态复合泊松过程求得实际初始备件的供应环境动态特征，限制条件很少，从而确立了 METRIC 模型族在航空备件供应预测领域里的地位[67]。1973 年，Mackstadt J. A. 提出改进的 MOD-METRIC 模型，主要用于最小化的 LRU 订货量，以费用为 LRU 和 SRU 的约束条件。最早该模型用于美军 F15 武器系统的可修件需求问题，但没有解决系统可用度。其实，该模型描述的是 LRU 与 SRU 的关系，并按 LRU 的平均时间定义两者关系。Shanker (1981)，Demmy 和 Presutti(1981)，Lee(1987)等将 METRIC 模型进行了改进，使之用于多级库存，解决了多个基地与多个仓库的关系，改进丰富了 METRIC 模型，解决了许多的工程问题[68]。对于 METRIC，Muckstadt 等在 MOD-METRIC 中给出了答案。MOD-METRIC 系统用终端产品的平均重新补货时间用于判定发动机及模块的库存水平，算法将问题分成两部分：一部分用于优化发动机的供应，另一部分用于优化模块。Rosenbaum 也研究了两级库存水平[69]。Kostic 和 Pendic 讨论了在每个维修水平的备件供应情况，备件供应量模型是基于设备的可能故障与供应过程的关系，考虑的变量包括二次供应时间、紧急供应时间、模块维修时间[70]。

（4）基于可用度的备件需求模型。80 年代，ACIM（Availability Centered Inventory Model）、Tiger 和 BSSM（the Battle-group Sparing Simulation Model)模型被用于预测和仿真备件可用度问题[70]。基于排队理论和马尔可夫过程的 ACIM 模型适用于消耗件的预测，它有三个不足点：① 仅适于串联系统；② 失效条件是满足马尔可夫过程，并连续失效，这不符合实际情况；③ 基于稳态，事实上系统在循环任务中并不稳定。Tiger 模型是基于 Monte Carlo 的离散型事件模型；BSSM 模型是面向对象的仿真模型，它用于解决串联及并联系统的费用—可用度关系，这三个模型都考虑了可靠性、系统结构、费用等对系统可用度的影响。Kumar(1997)是通过备件的可用度研究备件需求数量,并用更新过程计算备件量,该模型认为用更新过程预测消耗件是最恰当的,但它没能对可修件的需求做出合理的计算,所以存在局限性。

(5) 系统费用模型。Cohen 等考虑多级库存决策,目标是最小化系统总费用,并建立了设备故障数—供应过程模型;Hegde 等从客户角度讨论支援费用—系统可用度关系,得出最大可用度、最小寿命周期费用的不同结果;Hollier 描述了初始备件包模型,在此程序中,按"总期望成本"和"库存成本"划分备件等级;Petrovic 等应用专家系统(Sparta:spare parts advisor)合理解决可靠性—总投资的关系,属于优化备件库存问题;Mann 等人提出维修库存问题,Mann 给出优化重新订购点模型,以及维修库存量计算模型;Armstrong 和 Atkins 优化更换决策、系统订购决策;Zohrul 和 Al-Olayan 扩展了 Armstrong 和 Atkins 的模型,优化了相似件;Armstrong 和 Atkins 研究定期更换—系统订购的联合优化,并求得可行解,解决了有限存储空间条件下,备件服从任意故障分布的问题;Luxhoj 和 Rizzo 用"人口模型"处理故障特性相似的备件问题;Gross 等实现了一定服务水平的费用最小化;Singh 和 Vrat 针对两级修理—库存系统,进行系统最小总费用期望的备件分配,他认为系统总费用是缺货费用、运输费用和库存费用的总和[69]。

(6) 应用智能方法。20 世纪 90 年代初,Bylinsky 和 Lauralgnizio 等人引进人工智能系统解决备件预测问题,得到了比较满意的结果;Petrovic 和 etrovic(1992)用专家系统研究消耗件和可修件的使用状况;Pascale Batchoun,Jacques A. Ferland 和 Batchoun 等(2003)用遗传算法(GA)优化飞机初始备件计划;Loo Hay Lee 和 Ek Peng Chew(2007)用多目标 GA 优化飞机备件配置问题,用 MOEA(Multi-Objective Evolutionary Algorithm)优化修理设施、可修件供应;Marzio Marseguerra 和 Enrico Zio 用多目标 GA(MOGA)搜索 Pareto 最优解。

(7) 其他的应用。排队论是预测备件的传统方法,Gross 和 Ince 应用排队论评估可修件库存需求;Simpson 用动态规划和 Kuhn Tucker 鞍点定理获得购买、维修和报废的最优值;Kohlas 和 Pasquier 用"动态规划模型"在满足预算限制条件下,求得备件优化库存水平;Blitz 实现了非线性约束条件下,离散事件的有限资源分配算法;Behzad Ghodrati 利用 PHM 模型计算不

基于性能(PBL)的航空备件保障方法研究

可修件需求量,并用于采矿设备的备件量计算,取得了较好的效果[23]。

我国的备件需求研究基本上是从 20 世纪 90 年代初开始的,主要集中于军用装备中,借鉴国外的成果,在许多方面取得了新的进展,主要表现如下:

(1) 备件的分类。吕川、赵宇(1995)对飞机备件特性进行研究,建立循环件、非循环件、消耗件的需求量模型;尚柏林、张恒喜等(2001)应用可拓学理论与方法,划分航空备件集合,为分类管理航空备件提供了一种崭新方法;李金国、丁红兵(2000)按不同种类备件选择不同的计算模型。

(2) 基于可靠性和可用度的研究。可靠性方面,宁宣熙、吴桐水(2000)根据数理统计方法和可靠性理论,计算航空装备的故障分布,确定了周转件、不可修件、可修件的计算方法。苏畅、张恒喜利用近似分析法,建立备件供应的可靠度模型。张瑞昌、赵篙正(2004)按航材保障率确定最佳订货周期、最佳订货批量,建立消耗件的订货模型。原石中(2002)运用统计法,以飞机运行数据、备件可靠性为基础,提出定性分析—定量计算相结合的预测方法。可用度方面,曹军海、徐宗昌(1997)以装备战备完好性为中心,阐述了备件的库存控制原理,并建立了基于可用度的备件库存模型。伏洪勇、赵宇(2004)分析使用可用度—费用之间的关系,并建模。在可靠性—维修性的关系方面,周国义、郁军(1997)基于舰船机械设备,用故障树分析法,研究故障机理、故障模式、故障效应,为备件的决策提供可靠依据。李世停、朱波(2005)分析舰船备件需求规律,提出舰船随行备件最优动态配置模型。王强、白文科(2002)依据维修决策理论和维修可靠性,科学分析飞机备件储备量,确定计算模型。姜健(1999)对冗余系统中的备件可靠性问题进行分析,给出了预测模型,并用以往的故障数据进行了检验。

(3) 寿命分布和非指数分布。马秀红、宋建社依据备件故障率曲线,建立基于回归分析的备件预测模型。赵宇、伏洪勇(2002)根据电子设备失效特点、备件需求量分布规律,对飞机电子设备的初始备件量与后续备件量进行研究,用泊松分布原理提出备件供应策略。张建军、李树芳(2004)基于备件寿命分布(指数分布、Weibull 分布、正态分布)的不同类型和更新过程理论,提出备件的保障度模型。屈岐、张恒喜(2004)根据飞机后续备件的消耗特点,把后续备件分为可修件、有寿件、低耗件、消耗件;对低耗件采用专家估算法计算,其余分别建模。肖刚、何斌(1998)利用 Monte-Carlo 法设计非指数分布随机模拟算法,研究可修件的最优储备量。

（4）费用的优化。朱一飞、黄国策（2001）分析通信设备随机备件需求，结合费用，用马氏决策法建立备件随机存储优化模型。康建设（1994）用边际分析法，优化火炮备件保障度模型。赵建民、温晋华（1997）分析备件库存控制因素，以费用最低为目标函数，以备件缺货概率等于 0 为约束条件，用概率论和库存论原理，建立库存限量决策模型。赵永、赵虎臣（1998）用 Monte-Carlo 法，模拟仿真备件寿命，确定备件消耗—储备定额的关系。姜柏松、孙春林（2003）改进模型评价函数，解决了航材积压问题。

（5）维修与可修件需求的关系。王强、黄诚等（2003）依据可靠性和维修决策理论，将备件分为可修件、不可修件，确定备件储备量。石春和、崔佩璋（2000）分析电子装备的随机备件，认为影响备件的因素有：维修级别、备件失效率、备件修复性、装备结构、装备工作条件等五个，并建立保障度目标模型。鲍敬源、王航宇（2003）等研究备件固有可靠性及维修性，分析需求率的主要影响因素，用系统建模和仿真方法，分别建立消耗件和可修件的需求模型，并给出需求率预测方法[70]。

（6）运用智能方法。陶朝建、武昌（1999）分析备件订购目标—变量关系，用多目标决策理论和层次分析法，建立备件订购目标层次结构和决策模型。高福家、吴继庚（1997）运用智能管理、决策分析、库存论的思想，提出了一种面向决策者的智能决策支持系统，确定出模型系统及实现步骤。赵建民（2001）运用案例推理原理，研究相似基准系统、相似度、相似识别等问题，提出备件需求预测技术，并设计开发了基于案例推理原理的预测软件。马利、陈东林（2004）运用模糊层次分析、模糊综合评判的理论，分配和评估备件保障权重。王林、曾宇容（2004）运用模糊综合评判、贝叶斯定理确定备件需求分布函数。周林、娄寿春（2001）根据"地—空"导弹系统的特点，建立备件可靠度优化模型。赵惠文（2004）对维修预测模型的精度较低情况，引入贝叶斯法预测后续航材需求量。王永川、蔡金燕（2002）分析雷达的维修方式及可用度，建立雷达的功能板随机备件模型，用遗传算法求解雷达可用度[70]。

（7）其他方面。赵建民（1998）根据电子产品保障特点，用排队论和嵌入马尔可夫链来建立两级保障系统。尚柏林、张恒喜（2001）运用面向对象的仿真技术，建立飞机后续备件保障的 Pelri 网模型。伏洪勇、赵宇（2003）针对故障间隔时间服从指数分布、备件需求量服从泊松流的特点，运用概率统计,探讨备件需求量的保障风险和经济损失,给出了定量关系式[70]。

总之,国内外关于备件保障的研究方兴未艾,百花齐放,各有特点,但这一工程应用问题情况复杂,应用条件多变,难以找到某个通用模型解决所有问题。

1.3 研究内容和章节安排

PBL 是一种全新的装备保障策略,它将保障活动量化为一系列的指标体系,按照不同的保障水平定价、出售保障活动,用户根据不同的经济承受能力,购买相应的保障水平,其目的是使系统的完好性达到最高水平。这一保障方式是将已有的多个保障单元联合起来,以飞机的性能为指标,以效能分析为着眼点,建立效能指标与保障要素之间的函数关系,该问题对实际工程有重要意义,是国内外研究的热点问题。以目前的航空备件支援系统理论和方法为基础,研究基于 PBL 的航空备件支援系统控制方法及实际应用,对提高我国民用飞机等大型运输工具的备件管理水平具有理论指导和技术支持作用,本书对此进行了深入研究,提出了基于 PBL 的航空备件保障系统结构;基于 PBL 的民机可靠性与备件支援量的关系;基于 PBL 的民机初始备件支援策略;基于 PBL 的民机持续性备件支援策略(见图 1.1)。具体章节安排如下:

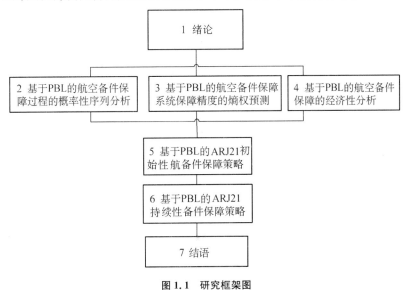

图 1.1 研究框架图

第 1 章为绪论部分,首先介绍了本书的研究背景、航空备件保障工作现状、PBL 的实施现状、研究意义与价值;其次对 PBL 的研究现状、航空备件保障系统的研究现状做了总结分析;最后介绍了各章的主要研究内容。

第2章是基于PBL的航空备件保障过程的概率性序列分析。本章的研究内容是分三个部分来阐述的。首先,在2.1节,分析民机全系统寿命周期管理与PBL的关系,用一系列图片图解基于PBL的民机备件保障体系结构;提出基于PBL的航空备件保障策略、备件保障的运作模型、备件保障团队的组织结构、备件保障的财务流程策略、备件保障系统的集成方式、备件保障集成商PSI责任图、PSI的水平模型和垂直模型、保障体系的绩效协议等,最后以ARJ21飞机为研究对象,确立ARJ21飞机的PBL保障计划和指标体系、保障的实施步骤和保障目标。其次,在2.2节,以概率性的序列运算理论为基础,将备件的需求、维修和库存视为离散型一维随机变量,利用随机序列间的卷和、卷差及交积来分析随机保障过程中的各个随机事件间的关系,动态描述保障过程,并进行了实例分析。最后,基于PBL,我们把民机的可靠性设计和备件量优化统一在一个目标下,即在取得高可靠性效能的同时,又最大限度地降低了备件占用成本,推导出一种分析模式来阐明结合了五个效能指标的备件利用率特征。这种备件利用率的分析思路允许决策者通过优化可靠性设计、制造和售后持续服务方面的投资来降低备件量占用成本。实例分析显示,使用的不确定性对利用率有巨大影响。降低维修周期时间同样极大地有利于提高备件利用率。因此,当民机的可靠性低时,尤其是在新飞机的推广期,更多的资源要配置到修理厂以加速维修过程。当飞机技术成熟后,更多的资源要配置到飞机可靠性的改善方面。随着可靠性的提高,故障会越来越少,修理厂的维修设施空间也会逐渐减少,将来的研究会延伸这种模式至能力有限的修理厂或者允许机场之间动态的横向再供货。

第3章是基于PBL的航空备件保障系统保障精度的熵权预测。主要是从信息熵的视角,建立基于熵权的航空备件保障系统精度预测模型,考虑到预测过程的不确定因素,本书首先运用信息熵理论,计算各误差评价指标的相对熵权值;然后计算不同误差指标下的各单项预测方法变异系数,确定各预测方法的权重;最后确定各误差评价指标与各单项预测方法的组合权重。并通过实例分析表明,熵权组合预测模型比一元回归模型、灰色模型GM(1,1)更为合理,反映信息更加全面,预测效果更加精确,与常用的权系数比较,该方法具有更具体的实用价值。

基于性能（PBL）的航空备件保障方法研究

第 4 章是基于 PBL 的航空备件保障的经济性分析。在这一章里,我们以已经上市的某航空公司对某个型号飞机的 PBL 备件保障活动进行财务数据分析,选择的报表日期区间为 2000-06-30—2012-12-31,报表维护日期为 2012-12-31,根据已有的"资产负债表"、"损益表"、"现金流量表"等财务报表,应用财务分析软件稽核该财务报表,根据稽核报告,合成现金流量表,生成结构财务报表,分析保障费用的盈亏要素敏感性、基于范霍恩模型的保障活动可持续性、保障活动的经济增加值、自由现金流量、基于 K-S 模型和边际模型的盈余状况;并用阿塔曼模型评价保障活动的成功与否,用沃尔指数评价保障信用能力,通过计算,得到该实例基于 PBL 的航空备件保障信用能力的评价值为"82"。最后用拉巴波特模型评估保障价值,经软件计算,在收入利润率递减率为"−1‰"的情况下,得到基于 PBL 的航空备件保障的拉巴波特价值的初始值为 173 926 391 363 元,10 年后,保障价值的预测值为 14 779 778 993 748 元,变化率为 8 397.72%。

第 5 章是基于 PBL 的 ARJ21 初始性备件保障策略研究。这章中,首先对备件进行分类,界定初始备件,对制定初始备件计划的影响因素进行分析,提出初始备件清单要求,制定初始备件生成条件与流程,然后根据价值工程理论,确定初始备件计划范围、初始备件功能系数、初始备件价值系数,确定初始备件推荐量计算模型,最后用案例验证该模型的有效性。

第 6 章是基于 PBL 的 ARJ21 持续性备件保障策略研究。这是备件保障计划的第二个阶段,这时的备件保障计划在很大程度上受到故障率的影响,所以分析六种故障率曲线,然后分不可修件、可修件,分别建立它们的备件量计算模型,并分别用实例验证模型的有效性。由于研究备件的需求量必然要联系到库存问题,所以这一章在最后对备件联合库存控制系统进行评估,并引用数据进行实例分析。

第 7 章对全书进行了总结,简要概括了本书的主要研究工作和创新点,并对进一步的研究工作进行了讨论和分析。

2　基于 PBL 的航空备件保障过程的概率性序列分析

PBL 是一种通过高效管理和明确责任来获得更高水平的系统完好性的装备系统寿命周期保障策略。PBL 将系统完好性的全部责任赋予项目经理,并使 PM 有权与建制基地、工业部门或这两方组成的合作伙伴签订装备系统持续保障合同。PBL 是一种关于装备系统产品保障的策略,它把保障作为一种综合的、经济上可承受的性能来购买,使系统的战备完好性达到最高的水平,在明确规定保障功能的归属权和操作权的基础上建立新型的保障结构,以满足装备的性能要求。这里的性能指的是军方人员所制定的综合保障性能标准,也可称之为使用可用度,这表明成功的支援活动是一种整体的能力,而不是将支援活动中各个单独的要素简单地拼凑起来。

2.1　图解 PBL 保障过程

2.1.1　全系统寿命周期管理(TLCSM)与 PBL

TLCSM 是由项目经理在民用飞机的系统寿命周期内,对飞机备件支援系统实施执行、管理和监督,它还包括与之相关的开发、生产、保护、维修和废旧处理等一系列活动。TLCSM 主系统开发决策是建立在他们对寿命周期运行有效性和运行费用可承受的影响基础上。TLCSM 包括:项目经理为完成备件支援目标所需要承担的每一项责任和支援系统的维护;研发和实施备件支援策略;评估备件支援策略等。实施 TLCSM 意味着需要通盘考虑所有备件的获取环节、备件量的确定方式和备件功能的数据采集等。另外,TLCSM 让 PM 负责一个系统整个寿命周期内的有效运行和及时响应产品支援,以及系统的可用性和持续保障。为了最大限度地提高系统的创新和协同工作能力,增强系统灵活性和降低运营成本,PM 应该考虑和使用基于效能的策略,以持续获取产品的可用度。对于民用飞机而言,这包含了所有新的采购、重大改装和升级换代,以及开始实施 PBL,开始生产合同发包时系统、子系统、备件的采购。为了顺利完成 TLCSM 规定的任务,PM 必须确保所有的利益相关方之间有一个良好的协作环境。为了达到这一目标,民用飞机的采购方、支援保障方、金融和运营中的利益相关方应该通过集成产品支持团队来保持连续、有效的沟通。民机研发团队、生产商、用户、金融保障人员、民机维护人员等组成的团队应该在项目的定义阶段就开始工作。

PBL 的应用将满足民机的运营要求和成本目标。PBL 采用基于效能的采购策略,它的实质是采购效能,而不是购买单个部件。这要靠建立合同关系来满足飞机的运营要求,让保障目标与所要求的效能结果以及可用资源保持一致。PBL 保障策略把一个或多个航空备件保障策略综合起来满足定义的效能要求,这些综合者也叫系统集成商,他们管理公共的或私人的保障活动,PM 或者备件保障经理在保持 TLCSM 责任的同时,可以把系统保障某些层级的责权授予给系统、子系统或组件层级的集成产品团队,以便于管理公共的或私人的支援活动,满足定义的效能结果。PBL 决策依据的是最佳值测定,经证实,这些值评估的是公共和私人能力的最佳组合、基础设施、技术基础、以往业绩和满足规定效能目标的被证明的能力。简单地说,PBL 把政府的保障策略从采购备件、维修、工具和资料转变成采购能力、采购效能,例如采购民机的可用性。这一转变具有重大意义,因为它把制定保障策略的风险转移到备件保障集成商身上,PM 将被告知用户需要什么而不是怎么做。关于备件保障的指标体系方面,PBL 实施的关键点之一就是建立度量的指标体系,因为 PBL 的目的是购买效能,因此,效能的构成需要清楚界定,以便能对取得的效能进行跟踪、测量和评估。顶层度量标准的确定能够达到这一目标。PM 首先与用户(航空公司)一起工作,确定他们对民机效能的具体需求,然后与航空备件支援供应商一道通过编制基于效能的合同协议,来完成用户(航空公司)对于那些效能的需求。PBL 的有效履行取决于度量标准是否能够准确反映用户的需要。许多现有的物流和金融度量标准与飞机的顶层效能结果有关,初始确定的民机效能结果由下列五个关键顶层度量指标构成:民机可使用性;民机运行可靠性;每单位使用成本;物流规模;物流反应时间。

本书的研究内容是在从事 ARJ21 飞机备件保障工作(中国商飞与南京航空航天大学民航学院的合作项目)的基础上完成的,提出了基于 PBL 的航空备件保障系列图谱,见图 2.1～图 2.11。

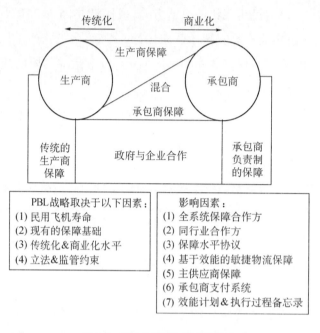

图 2.1　PBL 的航空备件保障策略

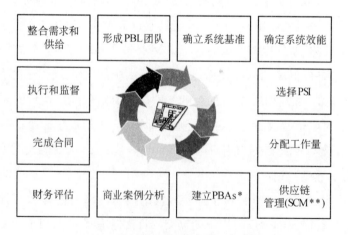

图 2.2　PBL 的航空备件保障运作模型

备注:(*:PBAs, Performance Based Agreements,基于绩效的协议)

　　　(**: SCM, Supply Chain Management,供应链管理)

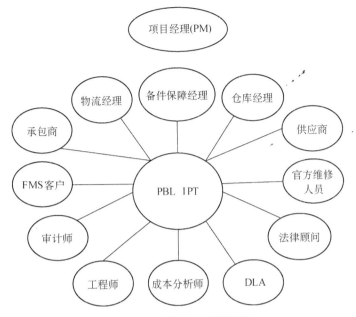

图 2.3 PBL 的航空备件保障团队

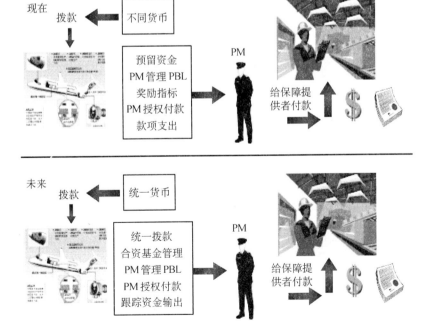

图 2.4 PBL 航空备件保障的财务流程

物流保障要素

保障水平	全　部	多　级	单　一
系统水平	全系统的所有元素	全系统的多级元素	全系统的单一元素
子系统水平	子系统的所有元素	子系统的多级元素	子系统的单一元素
组件水平	单一组件的所有元素	单一组件的多级元素	单一组件的单一元素

图 2.5　PBL 航空备件保障集成

图 2.6　PSI 责任图

(备注:PSI, Product Support Integrator,产品/备件保障集成商)

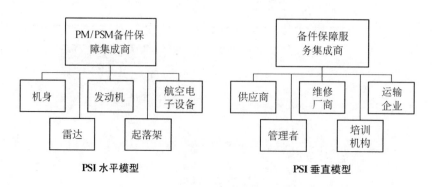

图 2.7　PSI 模型

基于性能（PBL）的航空备件保障方法研究

24

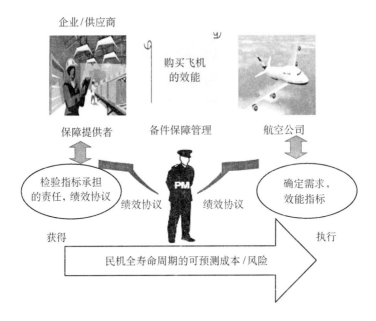

图 2.8　PBL 航空备件保障的绩效协议

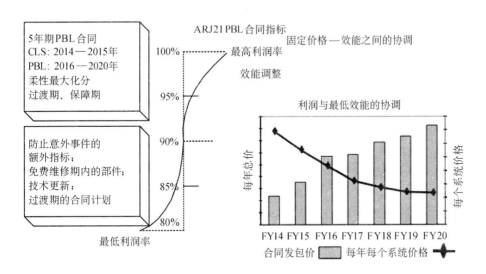

图 2.9　ARJ21 的 PBL 利润—效能关系

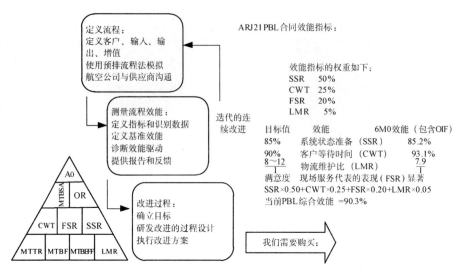

图 2.10　ARJ21 的 PBL 效能指标

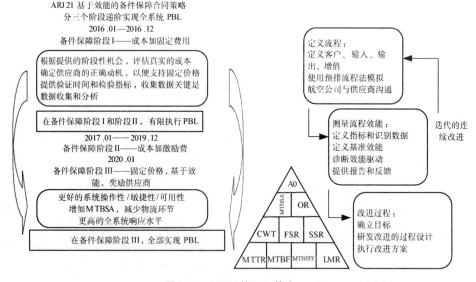

图 2.11　ARJ21 的 PBL 策略

2.1.2　备件保障的运作模式

所有的 PBL 的运作都是独特的,两个不同的项目运作 PBL 是不大可能完全一样的,本书中提出的运作模式是针对航空备件保障的 PBL 运作模式,见图 2.2。在真实的 PBL 运作中,操作顺序是灵活的,有的步骤可以同时进行,有时有的步骤可以省略。该模型把航空备件支援的运作划分为 12 个阶段:整合需求和供给;形成 PBL 团队;确立系统基准;确定系统效能;选择 PSI;分配工作量;供应链管理(SCM);建立 PBAs;商业案例分析;财务评估;完成合同;最后是合同的执行和监督。

在整合需求与供给阶段,这一阶段开始时要把能力需要集中于总体效能和把保障性与效能结合起来。关于形成 PBL 团队,任何 PBL 早期工作的关键一步是建立一个包含用户的团队,团队的框架可以因计划成熟度和任务的不同而变化。在团队建立之前,PM 必须确定可以取得的目标,通过目标的确立,PM 可以更好地选择谁来参加团队,进行什么工作,从而让资源的影响降到最低。错误的做法是:PM 先建立一个团队,然后依靠团队去建立目标,这就是所谓的"先找答案,再找问题"。通过预先确立目标,PM 就可以采用基于胜任的方法,去建立团队,建立管理基础。本书根据 PBL 理论提出了航空备件保障团队的组成(见图 2.3)。

关于确立系统基准阶段,确立系统基准要回答四个关键问题:航空备件保障要求的保障范围是什么? 关键的利益相关方有哪些? 成本和效能目标是什么? 备件保障的历史数据? 为了得到有效的保障策略,PM 需要知道现有的和预期的效能要求,以现有的效能和成本为基准,按民机的寿命周期确定保障的范围和预期目标,对于一些新计划,基准应该包括成本审核以支持更换的系统,如果没有更换的系统,应该使用寿命周期值估算。对于现有的系统,基准评估则是 PBL 商业案例分析的基础,调查往年的保障效能,确定备件保障的持续性、保障成本,采用联合保障的策略是最基本的。在确定系统效能方面,航空备件保障系统的效能和相关的度量标准应该是以飞机的需要为重点,如果这个备件保障系统的物流占用空间最小,成本合理,从运营上说,这个系统是可用的、可信任的和有效的。正式的效能协议表明了形成 PBL 作用基础的目标,PBL 团队应该把重点放在备件保障系统的可用性、任务的可靠性、物流占用空间和减少系统准备时间等结果上。关于该系统的财务评估,在执行效能协议过程中,PM 必须完成财务评估,PM 必须以航空备件保障系统的运营要求为基础,预算每年的运营成本,并且要检查相应的资金流,用同一种货币购买系统效能,当专款资金拨出后,用户必须确保资金随时可用,可以为当初的预算项目提供资金和随时履行合同保障的项目资金。本研究提出的基于 PBL 的航空备件保障财务流程策略见图 2.4。

2.1.3　备件保障的集成

　　PBL 的不同主体从组件水平到系统平台,在规模、涉及的范围上都有很大的差别(见图 2.5),某个备件从一个角度看它是组件,从另一个角度看它又是一个系统,系统越大,PBL 的评价就越复杂。通常商业类型的 PBL 是最容易实施的,因为它们涉及的制造商不多,所以比较容易评估它当前的保障水平。备件保障的集成商(PSI)对备件的制造过程、系统可靠性和潜在的改进机会都非常熟悉,所以他们是航空备件保障集成系统的主要成员。另外,风险因素是驱动集成系统成本增加的主要因素,而这些备件保障集成商(PSI)很多都是原材料或原始设备制造商,他们的参与可以把系统风险降到最低。所以,经评估,单一航空备件的保障活动更容易实现,而且来的速度也快。PM 对航空备件支援活动的监督、管理职责往往被授权给了“备件保障经理”,由他来领导备件保障系统的开发和实施以及 PBL 战略,从而确保系统在实施期内可以实现系统目标效能。备件保障经理也会适当地雇用一些 PSI,实现备件保障系统要求的效能。这些航空 PSI 作为正式代理实体,负责集成全部供应商、公共资源和私有资源,定义 PBL 规模和考评完成的绩效。从两者的关系看,由于 PBL 是“购买民机的效能”,所以 PSI 要负责保障活动的灵活性和保障边界,以及长期的效能实现。备件保障集成商的责任图见图 2.6。

　　PSI 的功能可以结合水平和垂直两个维度考虑(见图 2.7)。这两种维度的主要区别是 PSI 是否是“自上而下”地分配责任,并实施管理功能。

2.1.4　备件保障的绩效协议

　　PM 和用户之间书面的基于效能的协议是项目经理总体 PBL 保障策略的中心。一般情况下,协议确定了保障系统的效能及其 PBL 每一层次阈值、目标、目标价格(用户成本)的范围。该绩效协议同时阐述了正常的运营条件下相应的限制条件和边界条件。备件保障系统实施的效能水平将会由执行期间每年的航空备件保障系统的资金分配量来表明,该协议还必须包含对偶发事件的保障任务条款。用户基于效能的协议提出的目标构成了 PBL作用的基础。一般来说,强调诸如备件保障系统利用率、保障任务可靠性、物流规模和全系统准备水平等基于效能结果的标准,将会找到更有效的解决办法。但是,由于单个的供应商或物流公司只是从事某一领域的保障活

基于性能（ＰＢＬ）的航空备件保障方法研究

动,缺乏全系统的协调能力,全系统的 PBL 工作是由 PM 总负责,由他授权航空备件保障经理执行民机的备件保障活动。本研究提出的基于 PBL 的航空备件保障绩效协议关系见图 2.8。

2.1.5 实例分析

本研究针对我国拥有自主知识产权的 ARJ21 飞机,提出了基于 PBL 的备件保障计划。在实施 PBL 之前,计划用两年时间(2014—2015 年)实施承包商的物流保障(CLS),是为 PBL 做准备,是过渡期;计划从 2016 年开始,用五年的时间全面实施 PBL,这是保障期。

首先,我们把"备件保障集成商的利润"与"ARJ21 的效能"联系起来,确定"固定价格—效能"之间的协调关系,见图 2.9;然后确定 ARJ21 的 PBL 合同效能指标,以及各指标的权重值,见图 2.10;最后确定 ARJ21 的 PBL 实施阶段和阶段目标,见图 2.11。

2.2 备件保障过程的概率性序列运算描述

航空备件的保障过程由于受到需求、供给、维修等一系列不确定事件的影响,致使保障决策存在很多困难,本研究以概率性的序列运算理论为基础,将备件的需求、维修和库存视为离散型一维随机变量,利用随机序列间的卷和、卷差及交积来分析随机保障过程中的各个随机事件间的关系,动态描述保障过程。

2.2.1 序列运算的理论

(1)序列的概念

这里的序列概念是指:非负区间上离散型序列 $a(i)$,$i \in [0, N_a]$,该序列的起始点 $i=0$,终止点 $i=N_a$。已知序列为 $a(i)$,$i=0,1,2,\cdots,N_a$,则 N_a 为该离散序列的长度。

(2)序列的运算

已知两个离散序列 $a(i)$,$b(i)$,其长度分别为 N_a,N_b。

他们的卷和运算如下:令 $N_x = N_a + N_b$,则构造的卷和序列为:

$$x(i) = \sum_{i_a + i_b = i} a(i_a) \cdot b(i_b) \quad (i = 0,1,2,\cdots,N_x) \tag{2.1}$$

记为:

$$x(i) = a(i) \oplus b(i) \tag{2.2}$$

N_x：该卷和长度。

$\sum$ 的下标求和条件满足：$i_a + i_b = i_x$ 的任意下标组合(i_a, i_b)。

它们的卷差运算如下：令 $N_y = N_a$，则构造的卷差序列为：

$$y(i) = \begin{cases} \sum_{i_a - i_b = i} a(i_a) \cdot b(i_b) & 1 \leqslant i \leqslant N_y, \\ \sum_{i_a \leqslant i_b} a(i_a) \cdot b(i_b) & i = 0 \end{cases} \qquad (2.3)$$

记为： $y(i) = a(i) \ominus b(i)$ $\qquad (2.4)$

它们的交积运算如下：令 $N_u = \min(N_a, N_b)$，则构造的交积序列为：

$$u(i) = \sum_{\min(i_a, i_b) = i} a(i_a) \cdot b(i_b), i = 0, 1, \cdots, N_u \qquad (2.5)$$

记为： $u(i) = a(i) \otimes b(i)$ $\qquad (2.6)$

（3）概率性序列和期望

长度为 N_a 的离散序列 $a(i), i = 0, 1, \cdots, N_a$，若满足公式(2.7)，则该序列为概率性序列。

$$\begin{cases} a(i) \geqslant 0, i = 0, 1, 2, \cdots, N_a, \\ \sum_{i=0}^{N_a} a(i) = 1 \end{cases} \qquad (2.7)$$

该序列的期望值：

$$E_a = \sum_{i=0}^{N_a} i \cdot a(i) = \sum_{i=1}^{N_a} i \cdot a(i) \qquad (2.8)$$

概率性序列的运算理论中，概率性序列表示某些一维离散型随机变量的概率分布。

2.2.2　备件保障过程中的裕度序列定义

（1）备件需求的裕度概率序列

定义 1：设在第 v 次的备件保障中，某零件发生故障的概率分布为 $PG^{(v)}(i_g)$，则备件需求裕度概率序列为 $i_g = 0, 1, \cdots, N_v$。i_g：可能发生的故障数量，称为"备件需求裕度"；N_v：第 v 次的备件保障过程中，需求裕度的最大值；v：备件保障次数。

（2）库存备件的裕度概率序列

定义 2：设在第 $v+1$ 次的备件保障发生前，已有库存备件的概率分布为 $PB^{(v)}(i_b)$，则已有库存的备件裕度概率序列为 $i_b = 0, 1, \cdots, S_v$。i_b：库存的备件裕度；S_v：第 v 次保障过程的库存备件的裕度最大值。

（3）备件消耗裕度概率序列

定义 3：设在第 v 次的备件保障中,从仓库中取出备件替换故障件,则库存备件减少量的概率分布为 $PU^{(v)}(i_u)$,备件消耗裕度概率序列为 $i_u = 0,1,\cdots,S_u$。对于该次保障中的任意状态空间 (i_b, i_g),备件的消耗裕度 $i_u = \min(i_b, i_g)$,$PU^{(v)}(i_u) = \min\{PG^{(v)}(i_g), PB^{(v-1)}(i_b)\}$,引用交积的定义,表示为：

$$PU^{(v)}(i_u) = PG^{(v)}(i_g) \otimes PB^{(v-1)}(i_b) \tag{2.9}$$

（4）库存剩余备件的裕度概率序列

定义 4：设在备件第 v 次保障后,剩余的库存备件概率分布为 $PB^{(v)}(i_{b'})$,则库存剩余备件裕度概率序列为 $i_{b'} = 0,1,\cdots,S_v$。任取一次备件保障状态空间 $(i_{b'}, i_u)$,那么库存剩余备件的可用裕度为：

$$i_{b'} = \begin{cases} i_b - i_u, & i_b > i_u, \\ 0, & i_b < i_u, \end{cases}$$

$$S'_v = S_v$$

所以,引用卷差运算的定义,表示为：

$$PB^{(v)}(i_{b'}) = PB^{(v-1)}(i_b) \ominus PU^{(v)}(i_u) \tag{2.10}$$

（5）故障件的修复裕度概率序列

定义 5：设修复件概率分布为 $PM^{(v)}(i_m)$,则修复裕度概率序列为 $i_m = 0,1,\cdots,S_m$。i_m：相应修复裕度。因为故障件数等于需要维修的件数,所以 $S_m = N_v$。

（6）库存备件的新裕度概率序列

定义 6：设第 v 次备件保障后,第 $v+1$ 次保障前,库存中的剩余备件裕度和修复备件裕度的总和概率分布为 $PBM^{(v)}(i_{bm})$,则库存备件的新裕度概率序列为 $i_{bm} = 0,1,\cdots,S_{bm}$。在第 $v+1$ 次保障发生前,任取状态空间 $(i_{b'}, i_m)$,那么,库存备件的新裕度 $i_{b'm} = i_{b'} + i_m$,$S_{bm} = S_v + N_v$。所以,引用卷和运算定义为：

$$PBM^{(v)}(i_{b'm}) = PB^{(v)}(i_{b'}) \oplus PM^{(v)}(i_m) \tag{2.11}$$

2.2.3 备件保障率算法

定义 7：备件保障率是指实际备件数与备件需求数的百分比。它是备件保障水平的反映,一般情况下,备件保障率应该是 $80\% \sim 90\%$,对基于序列运算理论的备件保障,保障率等于：实际库存备件的消耗裕度概率期望值与本次备件需求裕度概率期望值的百分比。即：

$$AG^{(v)} = \frac{EU^{(v)}}{EG^{(v)}} \times 100\% \tag{2.12}$$

随着保障次数的增加,库存备件数不断减少,备件的满足裕度不断降低,假设一备件保障率门槛值 ε,当:

$$AG^{(v)} < \varepsilon \qquad (2.13)$$

库存备件无法满足保障要求,需要补给库存,补给量为:满足门槛值 ε 的备件需求裕度期望值减库存备件新裕度期望值,即:

$$K = EG^{(v)}(i_g) \cdot \varepsilon - EBM^{(v)}(i_{b'm}) \qquad (2.14)$$

证明:第 v 次备件保障,若刚好满足备件需求,则 $AG^{(v)} = \varepsilon$,

由公式(2.12)得:$EU^{(v)} = \varepsilon \times EG^{(v)} / 100\%$

因为在第 $v-1$ 次保障后,第 v 次保障前,库存备件的新裕度概率期望值为 $EBM^{(v)}(i_{b'm})$,最小补给量 K 为:$k = EG^{(v)}(i_g) \cdot \varepsilon - EBM^{(v)}(i_{b'm})$。

满足条件:备件需求量小于或等于备件库存量证毕。

2.2.4 实例分析

已知某航空公司在6月底对7月份某飞机的某可修件的故障情况进行估算(表2.1)。6月底盘点库存,该备件库存量为4件,该航空公司要求备件保障率高于85%,试制订7月份的备件保障方案。假设条件:每次保障前,可修件已修好,并放入库存。

表 2.1　7月份的某可修件故障估算

故障件数	0	1	2	3
故障概率 P	0.05	0.25	0.25	0.45

第一,求备件需求量,库存的备件裕度概率序列及期望。

已知7月的故障分布,则得到7月的备件需求裕度概率序列和期望,见表2.2。

表 2.2　7月份的备件需求裕度概率序列和期望

i_g	0	1	2	3	E
$PG^{(1)}(i_g)$	0.05	0.25	0.25	0.45	2.1

因为库存备件数为4件,所以7月份的备件保障发生前,库存备件裕度概率序列和期望,见表2.3。

表 2.3　7月份之前的库存备件裕度概率序列和期望

i_b	0	1	2	3	4	E
$PB^{(0)}(i_b)$	0	0	0	0	1	4

第二,求 7 月份的备件保障过程。

备件保障中,库存的备件消耗裕度概率序列为:

$$PU^{(1)}(i_u)=PB^{(0)}(i_b)\bigotimes PG^{(1)}(i_g)$$

取状态 $i_u=2$,那么 $PB^{(0)}(i_b)$ 和 $PG^{(1)}(i_g)$ 的组合有:(2,2)、(3,2)、(4,2)、(2,3),则 $PU^{(1)}(2)=PB^{(0)}(2)$ · $PG^{(1)}(2)+PB^{(0)}(3)$ · $PG^{(1)}(2)+PB^{(0)}(4)$ · $PG^{(1)}(2)+PB^{(0)}(2)$ · $PG^{(1)}(3)=0\times0.25+0\times0.25+1\times0.25+0\times0.45=0.25$。

7 月份的备件消耗裕度概率序列和期望,见表 2.4。

表 2.4　库存的备件消耗裕度概率序列和期望

i_u	0	1	2	3	E
$PU^{(1)}(i_u)$	0.05	0.25	0.25	0.45	2.1

该次备件保障后,剩余的库存备件裕度概率序列为:

$$PB^{(1)}(i_{b'})=PB^{(0)}(i_b)\bigominus PU^{(1)}(i_u)$$

取状态 $i_{b'}=2$,那么 $PB^{(0)}(i_b)$ 和 $PU^{(1)}(i_u)$ 的组合有:

(1) $i_{b'}=0$ 时,满足 $i_b\leqslant i_u$ 的组合有:(0,0)、(0,1)、(0,2)、(0,3);(1,1)、(1,2)、(1,3);(2,2)、(2,3);(3,3)。

(2) $i_{b'}=2$ 时,满足 $i_b-i_u=2$ 的组合有:(2,0)、(3,1)、(4,2)。

那么,$PB^{(1)}(2)=PB^{(0)}(0)$ · $PU^{(1)}(0)+PB^{(0)}(0)$ · $PU^{(1)}(1)+PB^{(0)}(0)$ · $PU^{(1)}(2)+PB^{(0)}(0)$ · $PU^{(1)}(3)+PB^{(0)}(1)$ · $PU^{(1)}(1)+PB^{(0)}(1)$ · $PU^{(1)}(2)+PB^{(0)}(1)$ · $PU^{(1)}(3)+PB^{(0)}(2)$ · $PU^{(1)}(2)+PB^{(0)}(2)$ · $PU^{(1)}(3)+PB^{(0)}(3)$ $PU^{(1)}(3)+PB^{(0)}(2)$ · $PU^{(1)}(0)+PB^{(0)}(3)$ · $PU^{(1)}(1)+PB^{(0)}(4)$ · $PU^{(1)}(2)=0\times0.05+0\times0.25+0\times0.25+0\times0.45+0\times0.25+0\times0.25+0\times0.45+0\times0.25+0\times0.25+0\times0.45+0\times0.05+0\times0.25+1\times0.25=0.25$。

7 月份的备件剩余裕度概率序列和期望,见表 2.5。

表 2.5　7 月份库存备件剩余裕度概率序列和期望

$i_{b'}$	0	1	2	3	4	E
$PB^{(1)}(i_{b'})$	0	0.45	0.25	0.25	0.05	1.9

备件保障之后,故障件将送往维修中心维修,因为每个故障件修复率为 0.6,所以修复完,返还库存的修复件概率分布为:

$$P(x=i_n)=C_n^{i_n}p^{i_n}(1-p)^{n-i_n},i_n=0,1,2,3,4,p=0.6$$

其概率序列和期望,见表 2.6。

表 2.6　修复件的裕度概率序列和期望

i_m	0	1	2	3	E
$PM^{(1)}(i_m)$	0.219	0.400	0.284	0.097	1.26

库存备件的新裕度概率序列为:

$$PBM^{(1)}(i_{b_m}) = PBM^{(1)}(i_{b'}) \bigoplus PM^{(1)}(i_m)$$

取状态 $i=2$,那么 $PB^{(1)}(i_{b'})$ 和 $PM^{(1)}(i_m)$ 的组合有:$(0,1)$、$(1,1)$、$(2,0)$,则

$$PBM^{(1)}(2) = PB^{(1)}(0) \cdot PM^{(1)}(2) + PB^{(1)}(1) \cdot PM^{(1)}(1) +$$
$$PB^{(1)}(2) \cdot PM^{(1)}(0)$$
$$= 0 \times 0.284 + 0.45 \times 0.4 + 0.25 \times 0.219 = 0.235。$$

所以,7 月份的备件保障完成后,库存备件的新裕度概率序列和期望,见表 2.7。

表 2.7　库存备件的新裕度概率序列和期望

$i_{b'm}$	0	1	2	3	4	5	6	7	E
$PBM^{(1)}(i_{b'm})$	0	0.099	0.235	0.283	0.226	0.115	0.038	0.005	3.159

第三,求备件保障率。

7 月份的备件保障率为:$AG^{(1)} = 2.1/2.1 = 100\%$

所以,7 月份不需要补给库存备件。

2.3　基于 PBL 的民机可靠性与备件量的关系

2.3.1　航空备件的 PBL 实施步骤

我们在前面的章节中讲到,PBL 的实施是分为三个阶段的,在这三个阶段前有一个过渡阶段,我们称为"承包商物流保障(CLS)",这一阶段的目标是确定关键可靠性指标的效能结果,具体的任务包括:系统准备、完成任务、供给备件。在此基础上,开始航空备件的 PBL 三阶段实施步骤。

步骤一:定义航空备件支援流程指标。包括:操作方式的可行性;备件可利用率;备件出库率;备件故障率;库存可达率;预计暂时无法满足的订货;MTBF;MTTR;单位使用成本;物流响应时间;物流规模。

步骤二：确定效能目标或预期值。包括：最低可接受的利用率；最高故障率；最长维修等待时间。这一步中，明确合适的效能测定方法是 PBL 合同有效履行的关键。效能测定方法一般作为合同目标、决策变量和制约条件使用。当多种方法使用时，关键是要确定有价值的测定方法和弄清它们之间的相互联系。在 PBL 范畴中，物流规模、操作方式的可行性、设备可靠性和服务响应时间经常被用来评价持续效能。

步骤三：设计对 PBL 集成商的回报和鼓励计划。评价标准是使全系统寿命周期成本最小，使保障利润空间最大，或两者兼得。

2.3.2 航空备件保障系统的 PBL 效能测定方法

系统可靠性的效能评价结果必须要转化成可测量的方式，以便供应商和用户能够对它们进行量化评估。另外，用户还可以进一步用这些量化测量方法来评价服务质量，以便确定怎样对在合同期内的供应商或 PBL 集成商的服务进行费用支付。测定系统可靠性有不同的测定方法，包括 MTBF、MTTR、运作方式可行性等；测量的指标有：设备利用率、备件利用率、单位使用成本、物流响应时间、物流规模等。本研究中，MTBF、MTTR 和运作方式可行性被选为评价可靠性效能结果的主要效能测定方法。图 2.12 描述了可靠性效能测定方法和影响效能的指标之间的关系。本小节的主要目标是研究这一关系，并得出代表这一关系的分析模型。

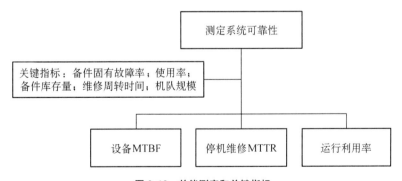

图 2.12 效能测定和关键指标

2.3.3 MTBF 和有效故障率的关系模型

MTBF 被定义为两次相邻故障之间累积的设备运营时间，它用于测定依据原设计和制造过程的备件内在固有可靠性。假如两个系统存在相同的内在故障率,那么使用率高的系统的故障率比使用率低的系统的故障率要高。在运输的峰谷时段内,民机的使用频率是不同的,因此在可利用性度量标准中要加入使用率。结合了使用率的可靠性度量标准被称为有效故障率,它考虑了使用的不确定性。假定 T_0 和 T_s 分别是两次相邻故障之间累积的运行时间和备用时间,那么,有效的故障率 λ_a 可以通过公式(2.15)得出:

$$\lambda_a = \frac{1}{\overline{T_0} + \overline{T_s}} = \frac{1}{\text{MTBF}} = \beta\lambda \qquad (2.15)$$

这里:

$$\beta = \frac{\overline{T_0}}{\overline{T_0} + \overline{T_s}} \qquad (2.16)$$

注意公式(2.15)中 $\overline{T_0}$ 和 $\overline{T_s}$ 分别是 T_0 和 T_s 的平均值。公式(2.15)中,λ 代表 $T_s = 0$ 时产品的固有故障率;β 是使用率,即实际运行时间与总的可使用时间的比率。明显地,β 对总的故障率有大的影响。例如,当 $\beta = 0.5$(即 $\overline{T_0} = \overline{T_s}$)时,$\lambda_a$ 只是 λ 的一半。民机的时间可以细分为三类:运行时间、备用时间和停机时间。假如 $\overline{T_0}, \overline{T_s}, \overline{T_d}$ 分别代表这三类时间的预计值,那么民机利用率或运行利用率可以定义为:

$$A = \frac{\overline{T_0} + \overline{T_s}}{\overline{T_0} + \overline{T_s} + \overline{T_d}} = \frac{\overline{T_0}/\beta}{\overline{T_0}/\beta + \overline{T_d}} \qquad (2.17)$$

2.3.4 MTTR 和备件可利用率的关系

MTTR 在可维修系统的系统持续利用率管理中扮演着重要的角色。在多级库存中,MTTR 由三个因素控制:备件库存水平;维修周期和机队总故障率。备件总库可以保障备件利用率,从而降低 MTTR。短的维修周期能够加速仓库和修理厂之间的备件循环,所以暂时无法满足的订货数量会很少。机队规模也会影响 MTTR,假如所有机场系统都有同样的故障率,一个大的机队规模会产生大的总的故障流,从而延长了修理厂和机场之间等待修理的时间。

一个一体化的服务物流供应链包含了原设备生产商和用户。原设备生产商拥有设计和制造设施、修理厂和离机场系统较近的备件仓库。修理厂和备件仓库可以不在同一区域,因为修理厂可以同时为几个机场提供维修服务。因此,修理厂所在的地点往往可以很方便地到达各个机场仓库。

机场仓库存有备件 S 件,在一对一的库存补给政策下运作。换言之,如果机场仓库的库存下降到 $S-1$,将会向修理厂发出一个备件的订单。这一补给政策常用于备件价格昂贵并且故障率小的条件下的库存控制。当飞机发生故障,应该立即用备件换下故障件。如果手边没有备件,则就会出现 AOG 情况,飞机就会在备件到达前处于一种故障状态。与此同时,故障件被运到修理厂维修,假如修理厂有足够的维修能力,整个维修周期,包括装运时间,都独立、相同地用平均值 t_r 来分配。虽然这种假设过于理想,但在许多可修件的库存控制上是一种合理的近似值。

两种随机变量,即身边可用的库存 Q 和暂时无法满足的订货 B,都对 MTTR 的延续时间有实质性的影响。假设机场仓库的库存水平设定为 S 件,那么 Q,B 和 s 就相互关联:

$$Q=\max\{0,s-O\} \tag{2.18}$$

$$B=\max\{0,O-s\} \tag{2.19}$$

这里,O 是代表固定库存的一个随机变量。对于有足够渠道的修理厂,O 可以用下面的平均值设计为每帕姆定理的一个泊松分布:

$$\mu_0=n\lambda_a t_r=n\beta\lambda t_r \tag{2.20}$$

注意,$n\lambda_a$ 是 n 个系统合计的机队故障率,t_r 是一个故障系统平均维修周期时间,那么固定的总的故障率 $n\lambda_a$ 是一个近似值,因为该值取决于机队规模。但是,这种分析是合理的,因为条件 $\mu_0 \ll n$ 通常在多数应用中得到满足。假设 $\overline{T}_d$ 是 MTTR 或预计的停机时间,那么可以得到公式:

$$\overline{T}_d=t_s Pr\{O \leqslant s\}+(t_s+t_r)(1-Pr\{O \leqslant s\}) \tag{2.21}$$

这里,

$$Pr\{O \leqslant s\} = \sum_{x=0}^{s} \frac{\mu_0^x \mathrm{e}^{-\mu_0}}{x!} \tag{2.22}$$

注意,t_s 是备件随时可得情况下的维修更换完成时间,一般是 $t_s \ll t_r$,x 是一个表示所需备件数量的一个随机变量。公式(2.21)提供了一个分析 MTTR 和它的效能指数 (t_s,t_r,s,λ_a,n) 的关系的思路。最后,可以计算 Q 的预期值:

$$
\begin{aligned}
E[Q]=E[\max\{0,s-O\}]&=E[0]Pr\{s-O<0\}+E[s-O]Pr\{s-O \geqslant 0\} \\
&=\sum_{x=0}^{s}\left[(s-x)\frac{(n\beta\lambda t_r)^x \mathrm{e}^{-n\beta\lambda t_r}}{x!}\right]
\end{aligned} \tag{2.23}
$$

相似的,B 的预期值为:

$$E[B]=E[\max\{0,O-s\}]=E[0]Pr\{O-s<0\}+E[O-s]Pr\{O-s \geqslant 0\}$$

$$= n\beta\lambda t_r - s - \sum_{x=0}^{s}\left[(x-s)\,\frac{(n\beta\lambda t_r)^x\,\mathrm{e}^{-n\beta\lambda t_r}}{x!}\right] \tag{2.24}$$

公式(2.23)和(2.24)显示,现有的和暂时无法订货的备件由五个指标决定。这五个指标为:备件固有故障率 λ;机场仓库的库存水平 s;使用率 β;维修周期时间 t_r;机队规模 n。

2.3.5 备件利用率

与公式(2.23)和(2.24)相似,研究的目标是找出可操作的利用率与它的关键效能指标的关系。将公式(2.15),(2.21),(2.22)代入(2.17),可利用率可以表达为:

$$A(\lambda,s,\beta,n,t_r) = \frac{1}{1+\beta t_r+\beta t_r\left(1-\displaystyle\sum_{x=0}^{s}\frac{(n\beta\lambda t_r)^x\,\mathrm{e}^{-n\beta\lambda t_r}}{x!}\right)} \tag{2.25}$$

直到目前,得到了一种新的可利用率标准,描述出两种不同的说法:可靠性设计和库存优化。这种新的模式巧妙地把五种效能指标 λ,s,β,n,t_r 融入统一的可利用率标准中。这种新的方式在库存模式下常常简单地被备件利用率代替,综合这一新的方式,可以为计划和完成基于效能的物流制定出一个基础工具。

2.3.6 实例分析

本节中,我们使用数据来比较民机可靠性与备件支援量之间的关系。每一关键效能指数都有两个不同的水平(表2.8)。

表2.8 机队规模 $n=50$ 时分析参数

	低水平	高水平
使用率(β)	0.5	0.8
维修周期时间(t_r)	30 天	60 天
可利用率标准(A_0)	0.8	0.95

图2.13 对 $\beta=0.5$、$n=50$、$t_r=30$ 天条件下的可靠性和备件量进行了比较。如果可利用率标准设定为 $A_0=0.8$,可以很容易地通过设计系统为1 585 小时 MTBF 来达到目标。当 MTBF 超过1 585 小时,就不需要备件。如果 MTBF 是1 309 小时,$s=10$ 件,那么系统可以满足 A_0。当可利用率标准设定为 $A_0=0.95$,其他标准不变,那么要达到目标,可靠性必须大大提高。例如,如果库存选择 $s=1$,那么 MTBF 最小的要求是6 135 小时,这几乎是

前面 $A_0=0.8$ 时 MTBF 的 4 倍。即使 $s=10$,MTBF 最小也需要 2 169 小时才能满足 $A_0=0.95$。这一例证清楚表明可利用率标准对民机可靠性和备件量具有巨大的影响。

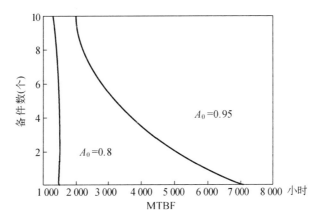

图 2.13 $\beta=0.5,n=50,t_r=60$ 天时可靠性与备件量的关系

图 2.14 用来分析 t_r 对民机可靠性、备件量和利用率的影响。图 2.13 和图 2.14 具有同样的条件,但图 2.14 中 t_r 数值翻了一倍。在给定的备件量下,为了保持相同的利用率水平,产品的 MTBF 也翻了一倍。例如,$A_0=0.8,s=0$ 时,最小的 MTBF 值是 3 175 小时,这是图 2.13 中相同条件下 MTBF 值的 2 倍。

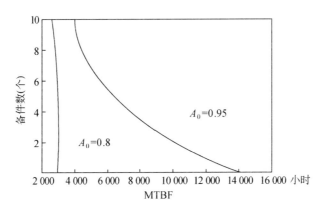

图 2.14 $\beta=0.5,n=50,t_r=60$ 天时可靠性与备件量的关系

图 2.15 和图 2.16 中用来分析使用率 β 从 0.5 增加到 0.8 时,可靠性和备件量之间的关系。显然,使用率的增加将会产生更多的民机故障,因此需要更多的服务设施和资源来处理维修任务,以达到利用率的目标。例如,

$s=1,\beta=0.8$ 时，MTBF 的最小要求为 2 538 小时才能满足 $A_0=0.8$ 的目标。假如除了 $\beta=0.5$ 外，其他条件相同，MTBF 最小为 1 585 小时才能满足 $A_0=0.8$ 时的要求，产品 MTBF 必须提高 60% 才能取得同样的利用率目标。不同的 s 值下，$A_0=0.9$ 的相似观察也可以得到。

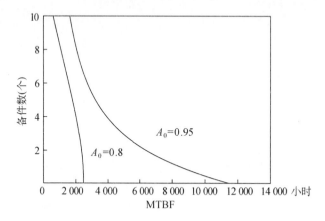

图 2.15　$\beta=0.8,n=50,t_r=30$ 天时可靠性与备件量的关系

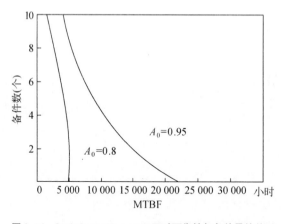

图 2.16　$\beta=0.8,n=50,t_r=60$ 天时可靠性与备件量的关系

2.4　本章小结

本章首先分析民机全系统寿命周期管理与 PBL 的关系，用一系列图片图解基于 PBL 的民机备件保障体系结构：提出基于 PBL 的航空备件保障策略、备件保障的运作模型、备件保障团队的组织结构、备件保障的财务流程策略、备件保障系统的集成方式、备件保障集成商 PSI 责任图、PSI 的水平模

型和垂直模型、保障体系的绩效协议等,最后以 ARJ21 飞机为研究对象,确立 ARJ21 飞机的 PBL 保障计划和指标体系、保障的实施步骤和保障目标。

　　然后以概率性的序列运算理论为基础,将备件的需求、维修和库存视为离散型一维随机变量,利用随机序列间的卷和、卷差及交积来分析随机保障过程中的各个随机事件间的关系,动态描述保障过程,并进行实例分析。

　　最后基于 PBL,我们把民机的可靠性设计和备件量优化统一在一个目标下,即在取得高可靠性效能的同时,又最大限度地降低了备件占用成本。这里推导出一种分析模式来阐明结合了五个效能指标的备件利用率特征。这种备件利用率的分析思路允许决策者通过优化可靠性设计、制造和售后持续服务方面的投资来降低备件量占用成本。实例分析显示,使用的不确定性对利用率具有巨大的影响。降低维修周期时间同样极大地有利于提高备件利用率。因此,当民机的可靠性低时,尤其是在新飞机的推广期,更多的资源要配置到修理厂以加速维修过程。当飞机技术成熟后,更多的资源要配置到飞机可靠性的改善。随着可靠性的提高,故障会越来越少,修理厂的维修设施空间也会逐渐减少,将来的研究会延伸这种模式至能力有限的修理厂或者允许机场之间动态的横向再供货。

3　基于 PBL 的航空备件保障系统保障精度的熵权预测

对基于 PBL 的航空备件保障系统的研究是属于探索性的研究,需要在保障系统建模之前,对模型的保障精度做一个预测,我们在对以往预测模型总结的基础上,提出了基于信息熵权的组合评估预测模型。

3.1　计算误差评价指标的熵权值

基于 PBL 的航空备件保障系统的评价指标很多,主要有固有故障率、使用率、备件库存量、维修周期、机队规模等,因此预测系统的保障精度,首先应该量化各种误差评价指标,确定各误差评价指标的熵权值,这样就可弥补单误差预测指标的缺憾,满足一定程度上的预测结果合理性[71]。

假设该航空备件保障系统的实际观测值序列为 x_i,存在 m 种单指标预测方法,第 i 种预测方法在时间点 $t(t=1,2,\cdots,k)$ 的预测值为 $\hat{x}_{it}$,则全部预测方法的预测值矩阵 $\hat{X}$ 为:

$$\hat{X}=(\hat{x}_{it})=\begin{bmatrix} \hat{x}_{11} & \hat{x}_{12} & \cdots & \hat{x}_{1k} \\ \hat{x}_{21} & \hat{x}_{22} & \cdots & \hat{x}_{2k} \\ \vdots & \vdots & \cdots & \vdots \\ \hat{x}_{m1} & \hat{x}_{m2} & \cdots & \hat{x}_{mk} \end{bmatrix} \tag{3.1}$$

设有误差评价指标 n 个,则有误差评价矩阵 $\boldsymbol{E}$:

$$\boldsymbol{E}=(e_{ij})=\begin{bmatrix} e_{11} & e_{12} & \cdots & e_{1n} \\ e_{21} & e_{22} & \cdots & e_{2n} \\ \vdots & \vdots & \cdots & \vdots \\ e_{m1} & e_{m2} & \cdots & e_{mn} \end{bmatrix} \tag{3.2}$$

其中: e_{ij} ——当预测方法为 i,误差评价指标为 j 时的误差评价值。

假设, e_j^* 为误差指标 j 的理想误差值, $e_j^* = \min\limits_{1 \leqslant i < m} |e_{ij}|$。

那么, e_{ij} 与 e_j^* 的接近度

$$D_{ij} = e_j^* / e_{ij} \tag{3.3}$$

当评价指标为 j，预测方法为 i 产生的误差对全部评价指标的重要性影响度 d_{ij} 为

$$d_{ij} = D_{ij} / \sum_{i=1}^{m} D_{ij} \tag{3.4}$$

根据熵的定义，由误差指标 j 区分不同预测方法的优劣，这种区分优劣的重要性具有不确定性，这种不确定性用下面的公式度量：

$$E = -k \sum_{i=1}^{m} d_{ij} \ln d_{ij} \tag{3.5}$$

运用最大熵原理，归一化处理式(3.5)，令 $k = \dfrac{1}{\ln m}$，得误差评价指标 j 的相对重要性熵值

$$e(d_j) = -\frac{1}{\ln m} \sum_{i=1}^{m} d_{ij} \ln d_{ij} \tag{3.6}$$

这说明，在此评价指标下，熵值越大，各预测方法的预测结果越趋于一致，不利于区分各种不同方法的优劣，指标的相对重要性也越小，该指标的误差评价权重值也越小；熵值越小，各预测方法的预测结果越趋于分散，有利于区分各种不同方法的优劣，指标的相对重要性也越大，该指标的误差评价权重值也越大[72]。所以，评价指标 j 对于评价系统的重要性权重值为

$$\theta_j = \frac{1 - e(d_j)}{n - \sum_{j=1}^{n} e(d_j)} \tag{3.7}$$

n 种误差指标的加权系数：$\sum_{j=1}^{n} \theta_j = 1$。

3.2　计算各预测方法的熵权值

如公式(3.1)，对该航空备件保障系统的保障精度预测矩阵 $\hat{X}$，有基于评价指标 j 的误差矩阵：

$$E_j = (e_{jit}) = \begin{bmatrix} e_{j11} & e_{j12} & \cdots & e_{jik} \\ e_{j21} & e_{j22} & \cdots & e_{j2k} \\ \vdots & \vdots & \cdots & \vdots \\ e_{jm1} & e_{jm2} & \cdots & e_{jmk} \end{bmatrix} \tag{3.8}$$

其中：e_{jit}——误差指标 j，误差预测方法 i，在 t 时刻的预测误差值[73]。

将各单项预测方法所得的预测误差值序列单位化,则第 i 种预测方法,在 t 时刻的预测误差比为:

$$P_{it} = \frac{e_{jit}}{\sum_{t=1}^{k} e_{jit}} \quad (t=1,2,\cdots,k) \tag{3.9}$$

$$\sum_{t=1}^{k} P_{it} = 1 \quad (i=1,2,\cdots,m)$$

根据熵的定义,该系统第 i 种预测方法的预测误差熵为:

$$h_i = -k \sum_{i=1}^{m} P_{it} \ln P_{it} \quad (i=1,2,\cdots,m) \tag{3.10}$$

其中,$k>0$ 为常数,根据最大熵原理,我们取

$$k = \frac{1}{\ln N}, \text{则 } 0 \leqslant h_i \leqslant 1 \quad (i=1,2,\cdots,m)$$

所以,该相对误差熵值越大,误差序列的差异数值越小,变异程度越小;若相对误差熵值越小,误差序列的差异数值越大,变异程度越大[74]。所以,变异系数:

$$d_i = 1 - h_i \quad (i=1,2,\cdots,m) \tag{3.11}$$

依据非最优的正权值组合预测方法,如果某一单项预测模型的预测误差值变异程度越大,在组合预测模型中的熵权系数就越小;若误差值变异程度越小,对应的熵权系数就越大[75]。所以,根据信息熵权理论,对该系统的各种预测方法的加权系数为:

$$l_i = \frac{1}{m-1}\left[1 - \frac{d_i}{\sum_{i=1}^{m} d_i}\right] \quad (i=1,2,\cdots,m) \tag{3.12}$$

$\sum_{i=1}^{m} l_i = 1$,加权和为 1。

3.3　计算组合评价模型的熵权值

依据以上推理,根据公式(3.7)和(3.12),可得误差指标的权重矩阵 $\boldsymbol{\theta} = [\theta_1,\theta_2,\cdots,\theta_n]$,各误差评价指标下的各预测方法的权重矩阵为:

$$\boldsymbol{L} = \begin{bmatrix} l_{11} & l_{12} & \cdots & l_{1m} \\ l_{21} & l_{22} & \cdots & l_{2m} \\ \vdots & \vdots & \cdots & \vdots \\ l_{j1} & l_{j2} & \cdots & l_{jm} \end{bmatrix}$$

所以,组合预测模型的组合熵权系数的矩阵为:

$$\boldsymbol{C} = [C_1, C_2, \cdots, C_j]$$ (3.13)

其中,$C_i = \sum_{j=1}^{n} \theta_j l_{ji}, i = 1, 2, \cdots, m.$

因为:$\sum_{j=1}^{n} \theta_j = 1, \sum_{i=1}^{m} l_i = 1$,所以:$\sum_{i=1}^{m} C_i = 1$。

由此得到,该系统的保障精度组合预测模型为:

$$\hat{x}_t = \sum_{i=1}^{m} C_i \hat{x}_{it}$$ (3.14)

3.4 熵权组合预测流程和优化方法

在供应商与制造商之间的供应链管理中,供应链的关键点就是要从链条的下游到上游之间建立一个无缝的拉式系统,为了使这一系统能够有效实施,我们需要确保备件流量的稳定性,并获得精确的备件预测,但在一个发展中的、不可靠的竞争环境中,很难做到精确预测,那么比较可行的方法就是把整条供应链看做一个整体,从供应链的整体角度用熵权组合模型预测供应商与制造商之间的备件流量[76],本书建立的熵权组合预测流程见图 3.1。

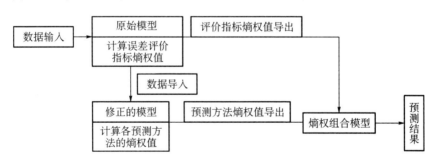

图 3.1　熵权组合预测流程

为了提高保障精度,在操作方法上,我们还可以采取建立第三方仓库的方式调节供需矛盾,优化预测流程。第三方仓库是一个为不可预测的备件流量提供安全库存的缓冲点,设立第三方仓库是为了使供应商能够更快地把备件提供给制造商,从而使供应商在备件流通过程中减少责任和成本,这种物流方式使得供应商和制造商之间没有直接的物流活动,只有信息流的沟通,第三方仓库对于制造商来说是备件的缓存场所,供应商、制造商和第三方仓库的关系如图 3.2 所示。

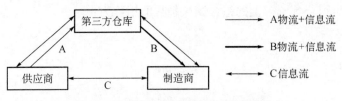

图 3.2　供应商、制造商与第三方仓库的关系

A:供应商根据预测报告和已有的订单,把备件转运到第三方仓库(包含物流和信息流)。

B:当制造商需要备件时,第三方仓库通过电子看板系统把备件提供给制造商(包含物流和信息流)。

C:制造商发送预测报告给供应商(信息流)。

需要解释的是:第三方仓库对那些不稳定的制造商是有好处的,因为它及时提供了制造商需要的备件;相反地,第三方仓库对那些稳定而且可靠的制造商却意义不大,因为这些制造商能准确预测他们未来需要的备件,因此可以合理地实施拉式系统。

根据上述工作流程和工作思路,我们可以建立下述熵权组合预测模型:

$$f(t) = \sum_{i=1}^{m} \left[\omega_i(t) f_i(t) + \varepsilon_i \right] \tag{3.15}$$

$$\sum_{i=1}^{m} \omega_i(t) = 1 \tag{3.16}$$

其中:$f(t)$——在时间 t 内的全部物流量;

　　　i——备件种类,$i=1,2,\cdots,m$;

　　　$\omega_i(t)$——物流量 $f(t)$ 对应的重量,$i=1,2,\cdots,m$;

　　　ε_i——随机扰动变量。

3.5　熵权组合预测法和其他预测方法的比较

在预测系统的保障精度方面,除了熵权组合预测法之外,还有其他的方法,比如常见的一元回归法、灰色模型 GM(1,1) 等[77],在此,我们结合实例比较这三种预测方法的精度。

例如:现有某一预测对象,在时间点 $t=1,2,3,4,5,6,7,8$ 时刻的实际观测值、一元线性回归的预测值、灰色模型 GM(1,1) 的预测值,见表 3.1。

表 3.1　某一预测对象不同预测方法的预测值　　　　　　　　　　　　　（单位:件）

序号	实际值	一元回归	灰色模型
1	820	610.41	752.49
2	798	885.55	896.05
3	879	1 160.68	1 066.98
4	1 072	1 435.81	1 270.53
5	1 942	171.94	1 512.91
6	1 960	1 986.07	1 801.53
7	2 030	2 261.20	2 145.21
8	2 438	2 536.33	2 554.45

我们选用"平方和误差 E_{SSE}"、"平均绝对误差 E_{MAE}"、"平均绝对百分比误差 E_{MAPE}"来作为该系统的评价指标,则

$$E_{SSE} = \sum_{l=1}^{L} (y_l - \hat{y}_l)^2 \tag{3.17}$$

其中: y_l 为实际值, $\hat{y}_l$ 为预测值。

$$E_{SSE} = \sum_{l=1}^{L} (y_l - \hat{y}_l)^2 \tag{3.18}$$

$$E_{SSE} = \sum_{l=1}^{L} (y_l - \hat{y}_l)^2 \tag{3.19}$$

由公式(3.7)计算上述三种误差指标的重要性熵权值,再由公式(3.12)计算一元回归和灰色模型预测的熵权值,见表 3.2。

表 3.2　不同预测方法的权值

指标值	权值	一元回归	灰色模型
E_{SSE}	0.238	0.612 9	0.387 1
E_{MAE}	0.114	0.480 3	0.519 7
E_{MAPE}	0.648	0.335 2	0.664 8

依据表 3.2,运用公式(3.13)计算该模型的组合权值,得到一元回归权值 $C_1 = 0.417\ 8$,灰色模型权值 $C_2 = 0.582\ 2$。

根据公式(3.14)的计算,该系统的系统精度预测结果见表 3.3。

表 3.3　熵权组合预测值和其他方法的比较

序号	实际值	一元回归	灰色模型 GM(1,1)	平均组合	有效度组合	熵权组合
1	820	610.41	752.49	681.45	685.80	693.12
2	798	885.55	896.05	890.80	893.64	891.66
3	879	1 160.68	1 066.98	1 113.83	1 115.65	1 106.13
4	1 072	1 435.81	1 270.53	1 353.17	1 354.55	1 339.59
5	1 942	1 710.94	1 512.91	1 611.92	1 613.55	1 595.65
6	1 960	1 986.07	1 801.53	1 893.80	1 896.49	1 878.64
7	2 030	2 261.20	2 145.21	2 203.20	2 207.93	2 193.68
8	2 438	2 536.33	2 554.45	2 545.39	2 553.32	2 546.88
均方误差	0	77.10	71.26	70.36	70.70	69.96

所以,我们提出的基于熵权组合的预测模型误差最小,对预测系统的保障精度具有一定的指导意义。

3.6　实例分析

本实例的研究背景是供应商与制造商之间存在不稳定的、受市场影响波动大,并且不可精确预测的市场需求量,这种现象导致的直接结果就是供应商对制造商的保障精度大大降低,所以我们的研究目标就是要采用科学的方法来降低市场波动对供需双方的影响,从而提高供应商对制造商的保障精度。为此,我们要从两个方面来解决这个问题:第一是采用熵权组合模型来精确预测市场需求;第二是在供应商和制造商之间建立一个第三方仓库,调节供需矛盾。经实例验证分析,采用这两种方法之后,可以使供应商对制造商的保障精度从原来的 100 天降为 38 天左右,并且降低了库存总价值。

某公司是世界著名的飞机零部件供应商,实现年销售额 25.3 亿欧元。该公司中国分公司早已成立,备件保障部门分别是:电子系统部、多媒体系统部、制动系统部和控制系统部等。

工厂的物流活动。产品物流:输入和输出物流,仓储,货物包装和物流计划;制造商订单处理:根据库存水平制定生产计划,按照拉式供应链原理向供应商发送订单;内部物流:设计连续供货流程,执行连续供货流程,看板管理,培训员工和提高团队供应水平;制造商物流的关键点是:物料需求计划(供应商),制造商需求计划,物流信息系统(SAP)。

第三方仓库物流。从供应商发出订货信息到仓库把货物装车完成前后只要花 30 分钟。

公司的物流原理。公司的价值流规划是用来对工厂每年的发展目标进行规划的,它促使物流活动沿着价值流的方向,也就是要求通过一个综合的过程找到最佳方法,提高整个供应链的价值而不是供应商的价值。

逆向工程的实施。逆向工程可以帮助该公司直接实施 JIT(Just In Time),因为如果该公司在供应链的下游有一个稳定的预测数据,该公司就可以根据这个数据推出一个大体稳定的生产量(即供应链上游的供应量)。这确实是一个自下而上的拉动方式,因为要考虑到其中的瓶颈因素,所以需求预测量自下而上将沿着供应链的结点层层扩大,这其中供应商也会考虑供应链中各方的承受能力,因为内部的"生产物流"对整条供应链也有很大的影响[78]。

下列图和表分别表示运用熵权组合法预测的备件保障量和保障时间(图 3.3~图 3.7,表 3.4~表 3.9)。

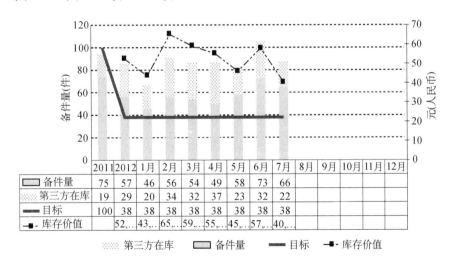

图 3.3　熵权组合模型预测后运营的备件量

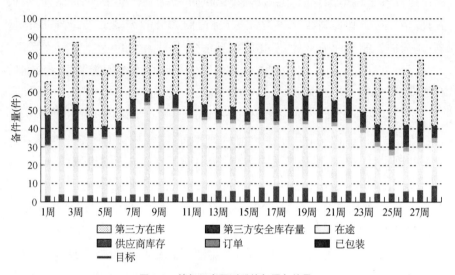

图 3.4　熵权组合预测后的每周备件量

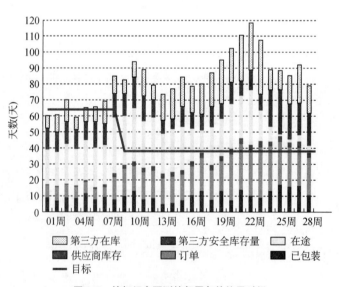

图 3.5　熵权组合预测的每周备件使用时间

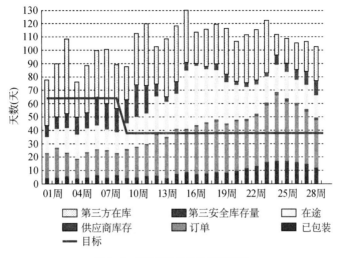

图 3.6 每周反馈的备件使用时间

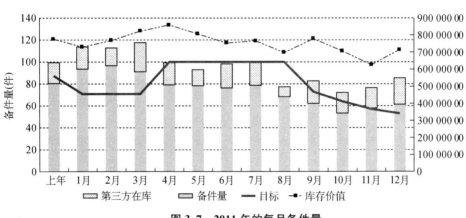

图 3.7 2011 年的每月备件量

表 3.4 熵权组合预测后的每月备件量

月	库存					已订货	第三方仓库		库存价值	扣除后3个月的平均值	可控备件量				第三方仓库(已包装)	备件量	第三方在库	目标
	已包装	订单	供应商库存	可用	总计		已处理	待处理	总计	已包装	已包装	订单	供应商库存	可用				
2011											19	24	1	16	14	75	19	100
2012	4 580 964	9 742 511	1 114 309	14 324 196	29 761 980		5 325 921	17 882 622	52 488 942	18 540 372	7	16	2	23	9	57	29	38
1月	2 365 807	3 662 969	588 006	17 133 811	23 750 593	19 897 677	6 632 979	13 264 697	43 648 270	19 809 902	4	6	1	26	10	46	20	38
2月	2 922 721	4 820 537	956 538	25 016 561	33 716 357	31 446 421	6 607 065	24 839 356	65 162 779	21 614 488	4	7	1	35	9	56	34	38
3月	3 463 125	7 169 289	1 118 287	20 678 244	32 428 945	26 690 183	4 931 103	21 759 080	59 119 128	20 576 973	5	10	2	30	7	54	32	38
4月	4 355 349	8 172 050	1 161 280	14 270 146	27 958 825	27 200 002	3 483 252	23 716 750	55 158 827	19 131 194	7	13	2	22	5	49	37	38
5月	4 401 516	8 490 032	1 056 475	11 310 469	25 258 492	20 719 452	7 738 612	12 980 840	45 977 944	17 087 328	8	15	2	20	14	58	23	38
6月	5 584 014	20 962 068	1 574 786	7 535 673	35 656 540	22 297 634	4 517 365	17 780 268	57 954 174	16 501 129	10	38	3	14	8	73	32	38
7月	8 974 217	14 920 628	1 344 789	4 324 471	29 564 105	10 837 365	3 371 073	10 837 365	40 401 471	15 061 588	18	30	3	9	7	66	22	38

表 3.5 熵权组合预测后的每周备件量

周	库存					第三方仓库			库存价值	扣除后3个月的平均值	可控备件量				第三方仓库(已包装)	备件量	第三方在库	目标
	已包装	订单	供应商库存	可用	总计	已订货	已处理	待处理	总计	已包装	已包装	订单	供应商库存	可用				
01	2 695 992	5 743 685	510 376	16 470 776	25 420 830	28 084 836	13 109 355	14 975 481	53 505 666	24 464 949	3	7	1	20	16	47	18	38
02	2 734 081	5 306 999	543 164	14 401 167	22 985 410	32 028 959	14 637 879	17 391 081	55 014 370	19 809 902	4	8	1	22	22	57	26	38
03	2 221 000	4 359 728	496 539	15 653 438	22 730 706	34 686 564	12 384 845	22 301 719	57 417 270	19 809 902	3	7	1	24	19	53	34	38
04	2 365 807	3 662 969	588 006	17 133 811	23 750 593	19 897 677	6 632 979	13 264 697	43 648 270	19 809 902	4	6	1	26	10	46	20	38
05	1 640 528	4 656 765	725 527	18 418 120	25 440 940	26 320 220	4 262 124	22 058 096	51 761 160	21 614 488	2	6	1	26	6	41	31	38
06	2 385 231	4 668 323	702 770	18 414 471	26 170 795	27 946 702	5 596 896	22 349 806	54 117 497	21 614 488	3	6	1	26	8	44	31	38
08	2 922 721	4 820 537	956 538	25 016 561	33 716 357	31 446 421	6 607 065	24 839 356	65 162 779	21 614 488	4	7	1	35	9	56	34	38
10	2 847 677	5 128 738	1 206 133	28 152 308	37 334 857	17 587 376	3 205 798	14 381 579	54 922 233	20 576 973	4	7	2	41	5	59	21	38
11	3 304 823	6 606 450	1 214 897	24 970 730	36 096 900	20 333 227	3 388 092	16 945 135	56 430 127	20 576 973	5	10	2	36	5	58	25	38
12	2 830 914	6 826 699	1 076 099	24 394 603	35 128 315	23 433 163	5 207 886	18 225 277	58 561 478	20 576 973	4	10	2	36	8	59	27	38
13	3 463 125	7 169 289	1 118 287	20 678 244	32 428 945	26 690 183	4 931 103	21 759 080	59 119 128	20 576 973	5	10	2	30	7	54	32	38
14	2 812 303	8 112 712	1 056 719	17 550 397	29 532 132	21 345 727	4 321 746	17 023 981	50 877 859	19 131 194	4	13	2	28	7	53	27	38
15	3 992 080	7 882 724	1 261 818	15 491 497	28 628 119	24 603 100	3 430 511	21 172 589	53 231 219	19 131 194	6	12	2	24	5	50	33	38

| 周 | 库存 | | | | | | | | | | 可控备件量 | | | | 第三方仓库（已包装） | 备件量 | 第三方在库 | 目标 |
| | 已包装 | 订单 | 供应商库存 | 可用 | 第三方仓库 | | | | 库存价值 | 扣除后3个月的平均值 | | | | | | | | |
					总计	已订货	已处理	待处理	总计	已包装	已包装	订单	供应商库存	可用				
16	3 875 625	8 463 963	1 219 248	15 062 393	28 621 229	26 434 821	4 356 817	22 078 003	55 056 050	19 131 194	6	13	2	24	7	52	35	38
17	4 355 349	8 172 050	1 161 280	14 270 146	27 958 825	27 200 002	3 483 252	23 716 750	55 158 827	19 131 194	7	13	2	22	5	49	37	38
19	4 488 831	8 423 103	1 102 583	11 638 037	25 652 555	15 453 545	7 215 249	8 238 297	41 106 100	17 087 328	8	15	2	20	13	58	14	38
20	4 879 705	8 950 698	1 116 421	10 188 562	25 135 386	17 181 903	7 898 758	9 283 145	42 317 289	17 087 328	9	16	2	18	14	58	16	38
21	4 562 612	8 828 210	1 394 117	11 100 375	25 885 314	18 094 077	7 190 751	10 903 325	43 979 391	17 087 328	8	15	2	19	13	58	19	38
22	4 401 516	8 490 032	1 056 475	11 310 469	25 258 492	20 719 452	7 738 612	12 980 840	45 977 944	17 087 328	8	15	2	20	14	58	23	38
23	3 165 119	9 326 923	1 215 551	11 477 767	25 185 361	20 252 011	7 890 436	12 361 575	45 437 372	16 501 129	6	17	2	21	14	60	22	38
24	3 002 834	9 024 967	1 248 479	10 699 693	23 975 973	20 667 973	6 446 359	14 221 615	44 643 946	16 501 129	5	16	2	19	12	55	26	38
25	3 447 370	9 276 292	1 485 034	11 013 032	25 221 728	22 848 472	6 112 949	16 735 523	48 070 200	16 501 129	6	17	3	20	11	57	30	38
26	2 792 007	10 481 034	1 574 786	7 535 673	22 383 499	22 297 634	4 517 365	17 780 268	44 681 133	16 501 129	5	19	3	14	8	49	32	38
27	2 325 548	9 805 333	1 334 641	3 053 691	16 519 212	17 441 719	4 720 818	12 720 901	33 960 931	15 061 588	5	20	3	6	9	42	25	38
28	2 381 805	9 035 188	1 505 920	1 438 587	14 361 500	19 670 775	5 403 031	14 267 745	34 032 275	15 061 588	5	18	3	3	11	39	28	38

表 3.6 熵权组合预测的每周备件使用时间

周	库存					第三方仓库			库存价值	扣除后3个月的平均值	可控备件量				第三方仓库（已包装）	第三方备件量	第三方在库	目标
	已包装	订单	供应商库存	可用	总计	已订货	已处理	待处理	总计	已包装	已包装	订单	供应商库存	可用				
01	3 307 373	2 476 897	209 243	7 100 734	13 094 247	7 357 965	4 580 307	2 777 658	20 452 212	9 808 109	10	8	1	22	14	54	8	64
02	3 632 365	2 384 551	164 605	5 871 604	12 053 125	8 044 829	5 397 231	2 647 598	20 097 954	8 294 292	13	9	1	21	20	63	10	64
03	2 187 757	2 200 585	178 737	6 877 619	11 444 698	8 962 300	4 416 673	4 545 627	20 406 998	8 294 292	8	8	1	25	16	57	16	64
04	2 376 830	1 994 377	201 252	6 340 517	10 912 975	5 588 240	3 077 079	2 511 161	16 501 215	8 294 292	9	7	1	23	11	51	9	64
05	1 683 226	2 338 509	417 101	8 483 094	12 921 930	8 359 881	2 821 624	5 538 257	21 281 810	10 176 293	5	7	1	25	8	46	16	64
06	1 920 129	2 201 129	411 778	8 418 385	12 951 421	8 561 907	2 147 852	6 414 055	21 513 328	10 176 293	6	6	1	25	6	45	19	64
07	2 519 379	2 079 642	599 297	8 349 428	13 547 746	10 566 687	4 319 945	6 246 742	24 114 433	10 176 293	7	6	2	25	13	53	18	64
08	2 570 770	3 381 370	654 460	8 483 027	15 089 628	6 478 861	2 443 621	4 035 240	21 568 488	7 304 482	11	14	3	35	10	72	17	64
09	3 224 613	4 096 818	647 342	7 414 891	15 383 664	7 078 006	2 447 416	4 630 589	22 461 669	7 304 482	13	17	3	30	10	73	19	38
10	1 866 011	3 816 781	706 817	8 059 481	14 449 090	8 273 961	3 142 909	5 131 052	22 723 051	7 304 482	8	16	3	33	13	72	21	38
11	3 238 861	4 106 363	735 190	7 016 445	15 096 859	8 942 155	2 301 523	6 640 632	24 039 015	7 304 482	13	17	3	29	9	71	27	38
12	1 732 904	4 024 618	705 664	7 131 657	13 594 843	8 177 743	3 205 237	4 972 506	21 772 587	7 045 182	7	17	3	30	14	72	21	38
13	3 286 099	3 750 554	733 000	5 857 096	13 626 749	8 861 057	2 168 609	6 692 448	22 487 806	7 045 182	14	16	3	25	9	67	28	38

周	库存					第三方仓库			库存价值	扣除后3个月的平均值	可轮替备件量				第三方仓库（已包装）	备件量	第三方在库率	目标
	已包装	订单	供应商库存	可用	总计	已订货	已处理	待处理	总计	已包装	已包装	订单	供应商库存	可用				
14	2 411 020	3 857 168	703 513	6 279 151	13 250 853	9 873 398	2 951 819	6 921 579	23 124 251	7 045 182	10	16	3	27	13	69	29	38
15	2 128 418	3 726 768	701 806	6 332 149	12 889 142	10 317 785	2 417 620	7 900 165	23 206 927	7 045 182	9	16	3	27	10	65	34	38
16	2 608 170	3 547 779	659 998	3 962 498	10 778 444	7 037 652	4 563 952	2 473 700	17 816 096	5 911 197	13	18	3	20	23	78	13	38
17	3 387 101	4 057 972	654 413	2 742 430	10 841 916	7 870 715	5 499 985	2 370 729	18 712 630	5 911 197	17	21	3	14	28	83	12	38
18	3 130 995	3 631 642	673 848	4 632 356	12 068 840	7 855 560	4 383 581	3 471 980	19 924 401	5 911 197	16	18	3	24	22	83	18	38
19	3 234 939	3 665 402	625 039	4 575 403	12 100 783	8 648 593	3 968 556	4 680 036	20 749 376	5 911 197	16	19	3	23	20	82	24	38
20	2 198 553	5 982 646	774 053	5 808 067	14 763 319	7 831 386	4 190 802	3 640 584	22 594 705	6 267 832	11	29	4	28	20	91	17	38
21	2 059 705	5 960 335	774 170	5 555 270	14 349 480	7 209 254	3 592 032	3 617 223	21 558 734	6 267 832	10	29	4	27	17	86	17	38
22	3 185 237	5 886 424	785 313	7 125 234	16 982 208	7 283 201	2 601 121	4 682 080	24 265 409	6 267 832	15	28	4	34	12	94	22	38
23	1 868 060	6 583 293	836 881	3 958 463	13 246 697	8 242 160	3 120 366	5 121 794	21 488 857	6 267 832	9	32	4	19	15	78	25	38
24	1 710 966	6 641 221	691 011	2 199 146	11 242 345	6 652 032	2 736 501	3 915 531	17 894 377	7 123 402	7	28	3	9	12	59	16	38
25	1 529 347	6 345 031	874 728	250 803	8 999 910	7 077 883	2 132 471	4 945 412	16 077 793	7 123 402	6	27	4	1	9	47	21	38
26	1 983 558	5 865 789	730 201	430 862	9 010 410	7 443 786	2 254 161	5 189 625	16 454 196	7 123 402	8	25	3	2	9	47	22	38
27	1 735 496	5 647 377	966 038	917 781	9 266 692	8 091 519	1 751 631	6 339 888	17 358 211	7 123 402	7	24	4	4	7	46	27	38
28	2 086 780	5 556 300	798 255	1 014 892	9 456 228	4 213 311	1 124 697	3 088 614	13 669 539	7 123 402	9	23	3	4	5	45	13	38

表 3.7 每周反馈的备件使用时间

周	库存				第三方仓库				库存价值	扣除后3个月的平均值	可控备件量				第三方仓库（已包装）	备件量	第三方在库	目标
	已包装	订单	供应商库存	可用	总计	已订货	已处理	待处理	总计	已包装	已包装	订单	供应商库存	可用				
01	2 084 612	9 010 473	301 133	9 370 042	20 766 260	20 726 871	8 529 048	12 197 823	41 493 131	14 656 840	4	18	1	19	17	60	25	64
02	1 835 797	8 229 446	378 559	8 529 562	18 973 365	23 984 131	9 240 648	14 743 483	42 957 496	11 515 610	5	21	1	22	24	74	38	64
03	2 254 243	6 518 872	317 802	8 775 819	17 866 736	25 724 264	7 968 172	17 756 092	43 591 000	11 515 610	6	17	1	23	21	67	46	64
04	2 354 784	5 331 561	386 754	10 793 295	18 866 394	14 309 437	3 555 900	10 753 536	33 175 831	11 515 610	6	14	1	28	9	58	28	64
05	1 597 830	6 975 021	308 426	9 935 026	18 816 303	17 960 339	1 440 500	16 519 839	36 776 642	11 438 195	4	18	1	26	4	53	43	64
06	2 850 333	7 135 518	290 992	9 996 087	20 272 929	19 384 795	3 449 044	15 935 751	39 657 724	11 438 195	7	19	1	26	9	62	42	64
07	3 326 063	7 561 432	357 241	16 667 133	27 911 869	20 879 735	2 287 120	18 592 615	48 791 603	11 438 195	9	20	1	44	6	79	49	64
08	3 124 584	6 876 105	551 673	19 669 281	30 221 644	11 108 516	762 177	10 346 339	41 330 160	13 272 491	7	16	1	44	2	70	23	64
09	3 385 033	9 116 082	567 554	17 555 840	30 624 509	13 255 222	940 676	12 314 546	43 879 731	13 272 491	8	21	1	40	2	71	28	38
10	3 795 818	9 836 617	369 282	16 335 122	30 336 838	15 159 201	2 064 977	13 094 224	45 496 040	13 272 491	9	22	1	37	5	73	30	38
11	3 687 389	10 232 214	383 097	13 661 799	27 964 500	17 748 028	2 629 580	15 118 448	45 712 527	13 272 491	8	23	1	31	6	69	34	38
12	3 891 703	12 200 806	351 055	10 418 740	26 862 304	13 167 984	1 116 509	12 051 475	40 030 288	12 086 011	10	30	1	26	3	69	30	38
13	4 698 062	12 014 893	528 819	9 634 401	26 876 174	15 742 043	1 261 903	14 480 141	42 618 218	12 086 011	12	30	1	24	3	70	36	38

周	库存					第三方仓库			库存价值	扣除后3个月的平均值	可控备件量				第三方仓库（已包装）	备件量	第三方在库	目标
	已包装	订单	供应商库存	可用	总计	已订货	已处理	待处理	总计	已包装	已包装	订单	供应商库存	可用				
14	5 340 230	13 070 758	515 735	8 783 242	27 709 964	16 561 423	1 404 998	15 156 425	44 271 388	12 086 011	13	32	1	22	3	72	38	38
15	6 582 279	12 617 333	459 474	7 937 997	27 597 082	16 882 217	1 065 632	15 816 585	44 479 299	12 086 011	16	31	1	20	3	71	39	38
16	6 369 492	13 298 428	442 586	7 675 540	27 786 045	8 415 893	2 651 297	5 764 597	36 201 938	11 176 131	17	36	1	21	7	82	15	38
17	6 372 310	13 843 423	462 008	7 446 132	28 123 873	9 311 189	2 398 773	6 912 416	37 435 062	11 176 131	17	37	1	20	6	82	19	38
18	5 994 229	14 024 779	720 270	6 468 019	27 207 296	10 238 516	2 807 170	7 431 346	37 445 812	11 176 131	16	38	2	17	8	81	20	38
19	5 568 092	13 314 662	431 436	6 735 066	26 049 257	12 070 859	3 770 056	8 300 803	38 120 116	11 176 131	15	36	1	18	10	80	22	38
20	4 131 685	12 671 200	441 499	5 669 701	22 914 084	12 420 626	3 699 634	8 720 991	35 334 710	10 233 297	12	37	1	17	11	78	26	38
21	3 945 963	12 089 599	474 309	5 144 423	21 654 294	13 458 719	2 854 327	10 604 392	35 113 013	10 233 297	12	35	1	15	8	72	31	38
22	3 709 502	12 666 160	699 721	3 887 799	20 963 182	15 565 271	3 511 828	12 053 443	36 528 453	10 233 297	11	37	2	11	10	72	35	38
23	3 715 954	14 378 775	737 905	3 577 209	22 409 843	14 055 474	1 396 999	12 658 475	36 465 317	10 233 297	11	42	2	10	4	70	37	38
24	2 940 129	12 969 444	643 630	854 545	17 407 748	10 789 687	1 984 317	8 805 370	28 197 435	7 938 185	11	49	2	3	7	73	33	38
25	3 234 262	11 725 344	631 192	1 187 784	16 778 583	12 592 892	3 270 560	9 322 332	29 371 474	7 938 185	12	44	2	4	12	76	35	38
26	3 912 828	11 207 634	551 080	1 934 195	17 605 737	13 539 203	3 687 962	9 851 241	31 144 940	7 938 185	15	42	2	7	14	80	37	38
27	4 893 784	10 300 952	546 715	2 719 485	18 460 937	14 336 101	3 994 624	10 341 478	32 797 038	7 938 185	18	39	2	10	15	85	39	38
28	6 887 438	9 364 327	546 533	3 309 579	20 107 878	6 624 054	2 246 376	4 377 678	26 731 932	7 938 185	26	35	2	13	8	84	17	38

表 3.8 2011 年的每月备件量

月	可整备件	待发发货	供应商库存	在途	第三方仓库发货	第三方仓库待发货	目标	库存价值	物流量	第三方在库	库存价值	目标
上年	19	24	1	16	14	19	100	75 254 162	81	19	77 600 492	87
1月	34	29	1	17	13	20	71	73 006 173	94	20	73 006 173	71
2月	31	25	0	23	17	16	71	76 806 854	97	16	76 806 854	71
3月	24	16	1	33	17	26	71	82 294 918	91	26	82 294 918	71
4月	18	23	2	23	13	20	100	86 045 948	79	20	86 045 948	100
5月	18	29	1	17	13	15	100	80 633 676	78	15	80 633 676	100
6月	21	27	1	13	14	22	100	75 357 884	76	22	75 357 884	100
7月	19	32	1	12	15	21	100	76 670 563	79	21	76 670 563	100
8月	20	30	1	5	12	9	100	69 742 187	68	9	69 742 187	100
9月	13	25	1	7	16	21	73	77 846 228	62	21	77 846 228	73
10月	10	21	1	10	11	19	64	70 636 034	53	19	70 636 034	64
11月	9	18	1	18	13	19	57	62 589 248	58	19	62 589 248	57
12月	9	16	1	19	17	24	53	71 420 228	61	24	71 420 228	53

3.7 本章小结

   本章从信息熵的视角,建立基于熵权的航空备件保障系统精度预测模型,考虑到预测过程的不确定因素,所以首先运用信息熵理论,计算各误差评价指标的相对熵权值;然后计算不同误差指标下的各单项预测方法变异系数,确定各预测方法的权重;最后确定各误差评价指标与各单项预测方法的组合权重。并通过实例分析表明,熵权组合预测模型比一元回归模型、灰色模型 GM(1,1)更为合理,反映信息更加全面,预测效果更加精确,与常用的权系数相比,该方法具有更具体的实用价值。

4 基于 PBL 的航空备件保障的经济性分析

在当今商业活动中,航空备件保障活动经济性的精确计算越来越重要。没有精确的保障活动费用、产品成本与效能之间的经济性分析计算,保障定价和保障率分配之间的问题就得不到解决。本章从航空备件保障的财务报表稽核、保障费用的盈亏要素敏感性分析、保障活动的范霍恩可持续发展分析、保障活动的经济增加值分析、保障活动中的自由现金流量分析、基于 K-模型和边际模型的盈余分析、评价保障活动成功与失败的阿塔曼模型、基于沃尔指数的保障信用水平评价、基于拉巴波特模型的保障价值评估等方面分析了航空备件保障的经济性。

4.1 航空备件保障的财务报表稽核

财务报表稽核是通过对财务报表进行合理性检验和均衡性检验,以此来判定财务报表真假的一种工具。财务报表稽核主要是通过两期或多期财务报表合成现金流量表和计算各种财务指标变化值,来验证各类报表数据是否平衡,各类报表数据是否合理,有无不正常变化。根据复式记账原理和现行会计准则,不仅当期资产负债表和损益表之间存在着对应平衡关系,而且不同时期的财务报表之间也存在着对应、平衡和钩稽关系。[79]

实例分析

某已经上市的航空公司对某个型号飞机的备件保障活动进行财务数据分析,选择的报表日期区间为 2000-06-30—2012-12-31,那么在维护报表日期为 2012-12-31 时的"资产负债表"见表 4.1,"损益表"见表 4.2,"现金流量表"见表 4.3。

表 4.1 资产负债表

报告日期:2012-12-31 (单位:元)

资产	期末数	负债与所有者权益	期末数
货币资金	1 258 240 000	短期借款	0
短期投资	0	交易性金融负债	0
应收股利	499 998	应付账款	53 713 100
应收利息	7 686 420	应付票据	0
应收账款	291 289 000	应付职工薪酬	104 496 000
应收账款净额	291 289 000	预收账款	23 803 800
预付货款	1 524 520	其他应付款	321 043 000
其他应收款	12 444 100	一年内到期的非流动负债	0
存货	2 359 820	内部应付款	0
其中:消耗性备件资产	0	应交税费	60 468 200
存货变动损失准备	0	未付股利	16 800 000
存货净额	2 359 820	其他未交款	0
流动资产合计	1 574 040 000	一年内到期的长期负债	0
长期应收款	0	其他流动负债	204 140 000
长期股权投资	783 107 000	流动负债合计	784 465 000
投资性备件储备	161 794 000	其他非流动负债	3 341 550
长期债权投资	0	影响非流动负债其他科目	0
长期投资	944 901 000	非流动负债合计	2 268 620 000
固定资产原价	4 410 520 000	长期负债	0
累计折旧	2 103 914 000	应付债券	2 265 280 000
固定资产净值	2 306 610 000	长期应付款	0
在建保障项目	5 180 240 000	其他长期负债	0
固定资产清理	496	待转销汇税收益	0
待处理固定资产净损失	0	长期负债合计	2 265 280 000
其他	0	递延所得税负债	0
固定资产合计	7 486 849 504	负债合计	3 053 090 000
无形资产	286 693 000	少数股东权益	14 776 300
递延资产	0	影响所有者权益其他科目	0
研发支出	0	实收资本	1 690 250 000
商誉	0	资本公积	1 310 590 000
长期待摊费用	2 545 150	减库存股	0
无形资产及递延资产合计	289 238 150	盈余公积	646 398 000
其他长期资产	0	其中:公益金	0
递延所得税资产	107 502 000	未分配利润	3 687 420 000
其他非流动资产	0	外币报表折算差额	0
非流动资产合计	8 828 490 000	股东权益合计	7 349 440 000
资产总计	10 402 500 000	负债与股东权益合计	10 402 500 000

表 4.2　损益表

项 目	本年累计数
营业收入	1 212 160 000
折扣与折让	0
营业收入净额	1 212 160 000
营业成本	709 881 000
营业税金及附加	20 012 600
销售费用	1 786 320
营业费用	0
管理费用	40 573 400
财务费用	−7 532 540
其中利息费用	0
资产减值损失	6 162 200
投资收益	−6 702 630
其中:对联营项目和合营项目的投资收益	−6 702 630
其他业务利润	0
营业利润	434 572 000
补贴收入	0
营业外收入	4 407 930
营业外支出	2 813 870
其中:非流动资产处置损失	830 749
影响营业利润的其他科目	0
利润总额	436 166 000
所得税	109 748 000
少数股东损益	3 865 870
影响利润总额的其他科目	0
净利润	326 418 000
年初未分配利润	0
其中一:归属于母公司所有者的净利润	322 552 000
其中二:少数股东损益	3 865 870
影响净利润的其他科目	0
基本每股收益	0.19
稀释每股收益	0.16
可分配利润	326 418 000
可供股东分配的利润	326 418 000
应付优先股股利	0
应付普通股股利	0
转做股本的普通股股利	0
未分配利润	326 418 000

表 4.3　现金流量表

报告日期:2012-12-31　　　　　　　　　　　　　　　　　　　　　　　　　　　　　　　（单位:元）

项目	金额
提供 PBL 服务收到的现金	2 406 730 000
收到的税费返还	0
收到的其他与保障活动有关的现金	83 813 800
保障活动现金流入小计	2 490 550 000
购买备件接受劳务支付的现金	635 585 000
经营租赁所支付的现金	0
支付给保障人员以及为保障人员支付的现金	528 348 000
支付的增值税款	0
支付的所得税款	0
支付的除增值税所得税以外的其他税费	0
支付的各项税费	329 610 000
支付的其他与保障活动有关的现金	161 262 000
经营活动现金流出小计	1 654 800 000
保障活动产生的现金净额	835 744 000
收回投资所收到的现金	206 402 000
分得股利或利润所收到的现金	0
取得债券利息收入所收到的现金	0
取得投资收益所收到的现金	12 947 200
处置固定资产无形资产和其他长期资产所收回的现金净额	300 515
投资保障活动现金流入小计	219 650 000
购建固定资产无形资产和其他长期资产所支付的现金	1 994 150 000
权益性投资所支付的现金	0
债权性投资所支付的现金	0
投资所支付的现金	0
取得子公司及其他营业单位支付的现金净额	0
支付的其他与投资保障活动有关的现金	0
投资保障活动现金流出小计	1 994 150 000
投资保障活动产生的现金流量净额	−1 774 500 000
吸收保障投资收到的现金	0
取得借款收到的现金	796 800 000
收到的其他与筹资活动有关的现金	0
筹资活动现金流入小计	796 800 000
偿还债务所支付的现金	100 000 000
发生筹资费用所支付的现金	0
分配股利或利润所支付的现金	98 807 600
偿付利息所支付的现金	0
融资租赁所支付的现金	0

项目	金额
减少注册资本所支付的现金	0
支付的其他与保障筹资活动有关的现金	707 000
保障筹资活动现金流出小计	199 515 000
保障筹资活动产生的现金流量净额	597 285 000
汇率变动对现金的影响额	−6 8443
现金及现金等价物净增加额	−341 473 000
加:期初现金及现金等价物余额	1 049 710 000
以固定资产偿还债务	0
以投资偿还债务	0
以固定资产进行投资	0
以存货偿还债务	0
少数股东权益	0
计提的坏账准备或转销的坏账	718 879
固定资产折旧	192 077 000
无形资产摊销	9 203 150
待摊费用的减少	0
预提费用的增加	0
增值税增加净额	0
期末现金及现金等价物余额	708 236 000

我们现在根据上述基础数据,应用财务数据分析软件,对该财务报表稽核,操作页面如图 4.1 所示。

图 4.1 航空备件保障的财务报表稽核

在本系统中,财务报表稽核的内容是预先设定的,系统默认的检验有:合理性检验,即对财务报表数值是否合理进行检验;二是均衡性检验,即检验财务指标的钩稽关系。通过表 4.4 航空备件保障的财务报表稽核报告,我们可以发现稽核结果有误差,因此,我们需要通过检验合成以后的现金流量是否合理、均衡来判断报表的真实性。合成现金流量表主要解决以下问题:判定现金流量的结构;反映经济指标与现金流量的关系;检验现金流量与货币资金的关系;解决企业"筹平"问题。在本实例中,我们还要继续计算合成现金流量(图4.2)与合成现金流量比较值(图 4.3),并得到合成现金流量表(表 4.5)与合成现金流量比较表(表 4.6)以及合成现金流量比较图(图 4.4)。

表 4.4　航空备件保障的财务报表稽核报告

报告日期:2012-12-31　　　　　　　　　　　　　　　　　　　　　　　　　　(单位:元)

稽核名称	稽核内容	差额	问题类型
未分配利润比较检验	损益表中年初未分配利润不等于上年资产负债表中未分配利润	3 261 420 000.00	合理性检验
非流动负债合计检验	非流动负债合计计算有误	−1 550.00	均衡性检验
负债合计检验	负债合计计算有误	3 450.00	均衡性检验
负债及股东权益总计检验	负债及股东权益合计计算有误	−30 000.00	均衡性检验
股东权益合计检验	股东权益合计计算有误	5 700.00	均衡性检验
固定资产合计检验	固定资产合计计算有误	−992.00	均衡性检验
固定资产净值检验	固定资产净值不等于固定资产原值减去累计折旧	4 000.00	均衡性检验
合成净现金流量检验	合成现金流量表中净现金流量不等于资产负债表中的货币资金增减	−4 179 650.76	均衡性检验
合成现金流量表直接法间接法检验	合成现金流量表 直接法计算的经营活动净现金流量和间接法计算的不一致	−7 124 930.00	均衡性检验
经营活动现金流入检验	经营活动现金流入计算有误	6 200.00	均衡性检验
净利润检验	净利润计算有误	7 122 450.00	均衡性检验
利润总额检验	利润总额计算有误	−390.00	均衡性检验
流动负债合计检验	流动负债合计计算有误	900.00	均衡性检验
流动资产合计检验	流动资产合计数计算有误	−3 858.00	均衡性检验
期初货币资金检验	上一期资产负债表的货币资金不等于本期现金流量表的货币资金的期初余额	755 000 000.00	均衡性检验
未分配利润检验	资产负债表中的未分配利润与损益表中的未分配利润不一致	3 100 899 000.00	均衡性检验
营业利润检验	营业利润计算有误	2 870.00	均衡性检验
资产总计检验	资产总计计算有误	−30 654.00	均衡性检验

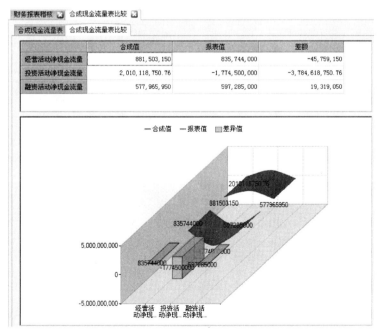

	合成现金流量表	合成现金流量表比较			
	A	B	C	D	E
3	报表日期:			2012-12-31	
4		指标项目	行次	指标值	
5		营业费用现金支出	0	-42,466,860	
6		净支付利息	1	-4,742,170	
7		缴纳税收	2	295,196,700	
8		其他现金支出	3	110,698,440	
9		固定资产增减	4	2,005,552,670.76	
10		短期投资增减	5	0	
11		长期投资增减	6	13,179,000	
12		无形及递延资产增减	7	-8,612,920	
13		其他长期资产增减	8	0	
14		长期负债增减	9	670,115,600	
15		短期借款增减	10	0	
16		一年内到期的长期负债增减	11	0	
17		实收资本增减	12	10,000	
18		少数股东权益增减	13	-9,476,500	
19		少数股东权益分配	14	7,123,450	
20		外币报表折算差额增减	15	0	
21		实际支付利润	16	75,559,700	
22		净利润	17	586,521,000	
23		累计折旧增减	18	276,818,740	
24		交易性金融负债增减	19	0	
25		应付票据增减	20	0	
26		应付账款增减	21	5,690,510	
27		预收账款增减	22	-18,366,300	
28		其他应付款增减	23	-52,980,000	
29		长期应付款增减	24	0	

图 4.2 计算合成现金流量

	合成值	报表值	差额
经营活动净现金流量	881,503,150	835,744,000	-45,759,150
投资活动净现金流量	2,010,118,750.76	-1,774,500,000	-3,784,618,750.76
融资活动净现金流量	577,965,950	597,285,000	19,319,050

图 4.3 计算合成现金流量比较值

4

基
于
P
B
L
的
航
空
备
件
保
障
的
经
济
性
分
析

67

表 4.5　合成现金流量表

报告日期:2012-12-31

指标项目	行次	指标值
营业费用现金支出	0	−42 466 860
净支付利息	1	−4 742 170
缴纳税收	2	295 196 700
其他现金支出	3	110 698 440
固定资产增减	4	2 005 552 670.76
短期投资增减	5	0
长期投资增减	6	13 179 000
无形及递延资产增减	7	−8 612 920
其他长期资产增减	8	0
长期负债增减	9	670 115 600
短期借款增减	10	0
一年内到期的长期负债增减	11	0
实收资本增减	12	10 000
少数股东权益增减	13	−9 476 500
少数股东权益分配	14	7 123 450
外币报表折算差额增减	15	0
实际支付利润	16	75 559 700
净利润	17	586 521 000
累计折旧增减	18	276 818 740
交易性金融负债增减	19	0
应付票据增减	20	0
应付账款增减	21	5 690 510
预收账款增减	22	−18 366 300
其他应付款增减	23	−52 980 000
长期应付款增减	24	0
应付职工薪酬增减	25	22 856 500
应付福利费增减	26	0
其他未交款增减	27	0
应交税费增减	28	6 565 200
预提费用增减	29	0
递延所得税负债增减	30	0
其他流动负债增减	31	103 093 000
交易性金融资产增减	32	0
应收票据增减	33	−31 509 500
应收账款净额增减	34	52 951 000
应收补贴款增减	35	0

指标项目	行次	指标值
预付货款增减	36	199 810
其他应收款增减	37	1 997 500
存货净额增减	38	165 810
待摊费用增减	39	0
待处理流动资产损失增减	40	0
其他流动资产增减	41	0
递延所得税资产增减	42	24 889 400
经营活动净现金流量–直	43	881 503 150
投资活动净现金流量	44	2 010 118 750.76
融资活动净现金流量	45	577 965 950
经营活动净现金流量–间	46	888 628 080
净现金流量	47	−550 649 650.76

表 4.6　合成现金流量比较表

报告日期:2012-12-31 （单位:元）

	合成值	报表值	差额
经营活动净现金流量	881 503 150	835 744 000	−45 759 150
投资活动净现金流量	2 010 118 750.76	−1 774 500 000	−3 784 618 750.76
融资活动净现金流量	577 965 950	597 285 000	19 319 050

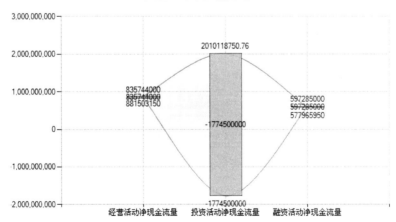

图 4.4　合成现金流量比较图

　　通过合成现金流量分析,我们可以发现合成前后的现金流量差异。以此修正财务报表(图 4.5),形成修订后的结构资产负债表(表 4.7)、结构损益表(表 4.8)以及结构现金流量表(表 4.9)。

图 4.5　修正财务报表

表 4.7　修正后的结构资产负债表

报告日期：2012-12-31 　　　　　　　　　　　　　　　　　　　　　　　（单位：元）

字段项目	行次	数值	占本类别比例	占总类别比例	占营业收入比例
货币资金	1	1 258 240 000	79.94%	12.1%	50.87%
交易性金融资产	2	0	0%	0%	0%
短期投资	3	0	0%	0%	0%
应收票据	4	0	0%	0%	0%
应收股利	5	499 998	0.03%	0.00%	0.02%
应收利息	6	7 686 420	0.49%	0.07%	0.31%
应收账款	7	291 289 000	18.51%	2.8%	11.78%
坏账准备	8	0	0%	0%	0%
应收账款净额	9	291 289 000	18.51%	2.8%	11.78%
预付货款	10	1 524 520	0.1%	0.01%	0.06%
应收补贴款	11	0	0%	0%	0%
其他应收款	12	12 444 100	0.79%	0.12%	0.5%
一年内到期的非流动资产	13	0	0%	0%	0%
内部应收款	14	0	0%	0%	0%
待摊费用	15	0	0%	0%	0%
存货	16	2 359 820	0.15%	0.02%	0.1%
其中消耗性备件资产	17	0	0%	0%	0%

基于性能（PBL）的航空备件保障方法研究

字段项目	行次	数值	占本类别比例	占总类别比例	占营业收入比例
准备存货变动损失准备	18	0	0%	0%	0%
存货净额	19	2 359 820	0.15%	0.02%	0.1%
待转其他业务支出	20	0	0%	0%	0%
待处理流动资产损失	21	0	0%	0%	0%
影响流动资产其他科目	23	0	0%	0%	0%
其他流动资产	24	0	0%	0%	0%
流动资产合计	25	1 574 040 000	100%	15.13%	63.64%
持有至到期投资	27	0	0%	0%	0%
长期应收款	28	0	0%	0%	0%
长期股权投资	29	783 107 000	82.88%	7.53%	31.66%
投资性保障费用	30	161 794 000	17.12%	1.56%	6.54%
长期债权投资	31	0	0%	0%	0%
长期投资减值准备	32	0	0%	0%	0%
长期投资	33	944 901 000	100%	9.08%	38.2%
合并价差	34	0	0%	0%	0%
固定资产原价	35	4 410 520 000	1538.41%	42.4%	178.33%
累计折旧	36	2 103 914 000	733.86%	20.23%	85.07%
固定资产净值	37	2 306 610 000	804.56%	22.17%	93.26%
保障备件	38	0	0%	0%	0%
正在实施的保障活动	39	5 180 240 000	1806.89%	49.8%	209.45%
固定资产清理	42	496	0.00%	0.00%	0.00%
待处理固定资产净损失	43	0	0%	0%	0%
其他	44	0	0%	0%	0%
固定资产合计	45	7 486 849 504	2611.45%	71.97%	302.71%
无形资产	46	286 693 000	99.12%	2.76%	11.59%
递延资产	47	0	0%	0%	0%
研发支出	48	0	0%	0%	0%
商誉	49	0	0%	0%	0%
长期待摊费用	51	2 545 150	0.88%	0.02%	0.1%
无形资产及递延资产合计	52	289 238 150	100%	2.78%	11.69%
其他长期资产	53	0	0%	0%	0%
递延所得税资产	54	107 502 000	1.22%	1.03%	4.35%
其他非流动资产	55	0	0%	0%	0%
影响非流动资产其他科目	56	0	0%	0%	0%
非流动资产合计	57	8 828 490 000	100%	84.87%	356.95%
资产总计	58	10 402 500 000		100%	420.59%
短期借款	59	0	0%	0%	0%
交易性金融负债	60	0	0%	0%	0%
应付账款	61	53 713 100	6.85%	0.52%	2.17%
应付票据	62	0	0%	0%	0%

4 基于ＰＢＬ的航空备件保障的经济性分析

71

字段项目	行次	数值	占本类别比例	占总类别比例	占营业收入比例
应付职工薪酬	63	104 496 000	13.32%	1.%	4.22%
应付福利费	64	0	0%	0%	0%
预收账款	65	23 803 800	3.03%	0.23%	0.96%
其他应付款	66	321 043 000	40.93%	3.09%	12.98%
一年内到期的非流动负债	67	0	0%	0%	0%
内部应付款	68	0	0%	0%	0%
应交税费	69	60 468 200	7.71%	0.58%	2.44%
未付股利	70	16 800 000	2.14%	0.16%	0.68%
其他未交款	71	0	0%	0%	0%
预提费用	72	0	0%	0%	0%
待扣税金	73	0	0%	0%	0%
住房周转金	74	0	0%	0%	0%
一年内到期的长期负债	75	0	0%	0%	0%
其他流动负债	76	204 140 000	26.02%	1.96%	8.25%
流动负债合计	77	784 465 000	100%	7.54%	31.72%
其他非流动负债	78	3 341 550		0.03%	0.14%
影响非流动负债其他科目	79	0		0%	0%
非流动负债合计	80	2 268 620 000		21.81%	91.72%
长期负债	81	0	0%	0%	0%
应付债券	82	2 265 280 000	100%	21.78%	91.59%
长期应付款	83	0	0%	0%	0%
其他长期负债	84	0	0%	0%	0%
待转销汇税收益	85	0	0%	0%	0%
长期负债合计	86	2 265 280 000	100%	21.78%	91.59%
递延所得税负债	87	0	0%	0%	0%
负债合计	88	3 053 090 000		29.35%	123.44%
少数股东权益	89	14 776 300	0.2%	0.14%	0.6%
影响所有者权益其他科目	90	0	0%	0%	0%
实收资本	91	1 690 250 000	23.%	16.25%	68.34%
资本公积	92	1 310 590 000	17.83%	12.6%	52.99%
减库存股	93	0	0%	0%	0%
盈余公积	94	646 398 000	8.8%	6.21%	26.14%
其中公益金	95	0	0%	0%	0%
未分配利润	96	3 687 420 000	50.17%	35.45%	149.09%
外币报表折算差额	97	0	0%	0%	0%
股东权益合计	98	7 349 440 000	100%	70.65%	297.15%
负债与股东权益合计	99	10 402 500 000		100%	420.59%

表 4.8　修订后的结构损益表

字段项目	行次	数值	占利润总额比例	占营业收入比例
营业收入	1	2 473 300 000	321.37%	100%
折扣与折让	2	0	0%	0%
营业收入净额	3	2 473 300 000	321.37%	100%
营业成本	4	1 457 970 000	189.44%	58.95%
营业税金及附加	5	93 781 500	12.19%	3.79%
销售费用	6	3 516 640	0.46%	0.14%
营业费用	7	0	0%	0%
管理费用	8	79 966 000	10.39%	3.23%
财务费用	9	−4 742 170	−0.62%	−0.19%
其中利息费用	10	0	0%	0%
勘探费用	11	0	0%	0%
资产减值损失	12	108 171 000	14.06%	4.37%
公允价值变动收益	13	0	0%	0%
投资收益	14	32 208 100	4.18%	1.3%
其中:对联营企业和合营企业的投资收益	15	31 760 900	4.13%	1.28%
其他业务利润	16	0	0%	0%
营业利润	17	766 848 000	99.64%	31.01%
补贴收入	18	0	0%	0%
营业外收入	19	5 292 830	0.69%	0.21%
营业外支出	20	2 527 440	0.33%	0.1%
其中:非流动资产处置损失	21	749 657	0.1%	0.03%
影响营业利润的其他科目	22	0	0%	0%
利润总额	23	769 613 000	100%	31.12%
所得税	24	183 091 000	23.79%	7.4%
少数股东损益	25	7 123 450	0.93%	0.29%
影响利润总额的其他科目	26	0	0%	0%
净利润	27	586 521 000	76.21%	23.71%
年初未分配利润	28	0	0%	0%
盈余公积转入	29	0	0%	0%
其中一归属于母公司所有者的净利润	30	579 398 000	75.28%	23.43%
其中二少数股东损益	31	7 123 450	0.93%	0.29%
影响净利润的其他科目	32	0	0%	0%
每股收益	33	0	0%	0%
其中一基本每股收益	34	0.3428	0.00%	0.00%
其中二稀释每股收益	35	0.2835	0.00%	0.00%
可分配利润	36	586 521 000	76.21%	23.71%
提取法定盈余公积金	37	0	0%	0%
提取法定公益金	38	0	0%	0%
可供股东分配的利润	39	586 521 000	76.21%	23.71%
应付优先股股利	40	0	0%	0%
提取任意公积	41	0	0%	0%
应付普通股股利	42	0	0%	0%
转做股本的普通股股利	43	0	0%	0%
未分配利润	44	586 521 000	76.21%	23.71%

表 4.9　修订后的结构现金流量表

字段项目	行次	数值	占净现金流量比例	占营业收入比例
销售商品提供劳务收到的现金	1	2 406 730 000	−704.81%	97.31%
收到的租金	2	0	0%	0%
收到的税费返还	3	0	0%	0%
收到的其他与经营活动有关的现金	4	83 813 800	−24.54%	3.39%
经营活动现金流入小计	5	2 490 550 000	−729.35%	100.7%
购买商品接受劳务支付的现金	6	635 585 000	−186.13%	25.7%
经营租赁所支付的现金	7	0	0%	0%
支付给职工以及为职工支付的现金	8	528 348 000	−154.73%	21.36%
支付的增值税款	9	0	0%	0%
支付的所得税款	10	0	0%	0%
支付的除增值税所得税以外的其他税费	11	0	0%	0%
支付的各项税费	12	329 610 000	−96.53%	13.33%
支付的其他与经营活动有关的现金	13	161 262 000	−47.23%	6.52%
经营活动现金流出小计	14	1 654 800 000	−484.61%	66.91%
经营活动产生的现金净额	15	835 744 000	−244.75%	33.79%
收回投资所收到的现金	16	206 402 000	−60.44%	8.35%
分得股利或利润所收到的现金	17	0	0%	0%
取得债券利息收入所收到的现金	18	0	0%	0%
取得投资收益所收到的现金	19	12 947 200	−3.79%	0.52%
处置固定资产无形资产和其他长期资产所收回的现金净额	20	300 515	−0.09%	0.01%
处置子公司及其他营业单位收到的现金净额	21	0	0%	0%
收到的其他与投资活动有关的现金	22	0	0%	0%
投资活动现金流入小计	23	219 650 000	−64.32%	8.88%
购建固定资产无形资产和其他长期资产所支付的现金	24	1 994 150 000	−583.98%	80.63%
权益性投资所支付的现金	25	0	0%	0%
债权性投资所支付的现金	26	0	0%	0%
投资所支付的现金	27	0	0%	0%
取得子公司及其他营业单位支付的现金净额	28	0	0%	0%
支付的其他与投资活动有关的现金	29	0	0%	0%
投资活动现金流出小计	30	1 994 150 000	−583.98%	80.63%

字段项目	行次	数值	占净现金流量比例	占营业收入比例
投资活动产生的现金流量净额	31	−1 774 500 000	519.66%	−71.75%
吸收投资收到的现金	32	0	0%	0%
取得借款收到的现金	33	796 800 000	−233.34%	32.22%
收到的其他与筹资活动有关的现金	34	0	0%	0%
筹资活动现金流入小计	35	796 800 000	−233.34%	32.22%
偿还债务所支付的现金	36	100 000 000	−29.28%	4.04%
发生筹资费用所支付的现金	37	0	0%	0%
分配股利或利润所支付的现金	38	98 807 600	−28.94%	3.99%
偿付利息所支付的现金	39	0	0%	0%
融资租赁所支付的现金	40	0	0%	0%
减少注册资本所支付的现金	41	0	0%	0%
支付的其他与筹资活动有关的现金	42	707 000	−0.21%	0.03%
筹资活动现金流出小计	43	199 515 000	−58.43%	8.07%
筹资活动产生的现金流量净额	44	597 285 000	−174.91%	24.15%
汇率变动对现金的影响额	45	−6 844.3	0.00%	−0.00%
现金及现金等价物净增加额	46	−341 473 000	100%	−13.81%
加−期初现金及现金等价物余额	47	1 049 710 000	−307.41%	42.44%
以固定资产偿还债务	48	0	0%	0%
以投资偿还债务	49	0	0%	0%
以固定资产进行投资	50	0	0%	0%
以存货偿还债务	51	0	0%	0%
少数股东权益	52	0	0%	0%
计提的坏账准备或转销的坏账	53	718 879	−0.21%	0.03%
固定资产折旧	54	192 077 000	−56.25%	7.77%
无形资产摊销	55	9 203 150	−2.7%	0.37%
待摊费用的减少	56	0	0%	0%
预提费用的增加	57	0	0%	0%
增值税增加净额	58	0	0%	0%
期末现金及现金等价物余额	59	708 236 000	−207.41%	28.64%

修订后的财务报表可以用于后面几节的保障费用经济性分析。

4.2　保障费用的盈亏要素敏感性分析

盈亏平衡分析是研究固定成本、变动成本、利润及销售收入之间的关系。概率盈亏分析计算保本点销售收入,构建标准盈亏平衡分析图,固定成本、单位变动成本和销售单价对保本销售收入的敏感性分析及敏感性分析图。进行盈亏要素敏感性分析,目的在于:找出影响保本销售收入变动率的各个敏感性指标;分析各个敏感性指标的变动对保本销售收入的影响程度;比较各个敏感性指标变动对保本销售收入变动的敏感性大小,并进行排序;根据排序结果来分析敏感性程度不同的各个指标对保本销售收入产生的影响。[80]

实例分析

根据"4.1　实例分析"的结果,按照经过稽核后的、修订的结构资产负债表、结构损益表、结构现金流量表,对该实例进行进一步的保障费用的盈亏要素敏感性分析,分析操作界面如图4.6,得到固定成本的盈亏要素敏感性分析结果(图4.7)、变动成本的盈亏要素敏感性分析结果(图4.8)、保障收入(销售收入)的盈亏要素敏感性分析结果(图4.9)。

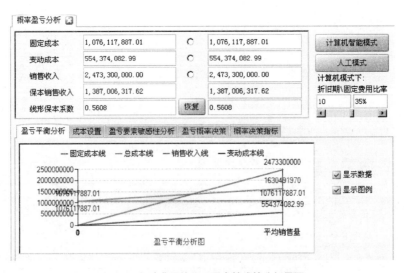

图 4.6　保障费用的盈亏要素敏感性分析界面

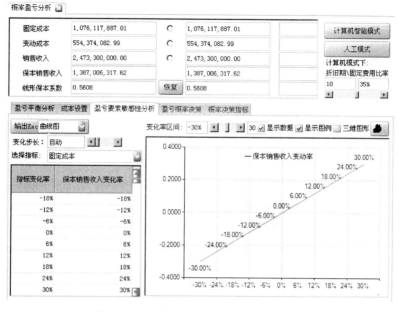

图 4.7　固定成本的盈亏要素敏感性分析结果

图 4.8　变动成本的盈亏要素敏感性分析结果

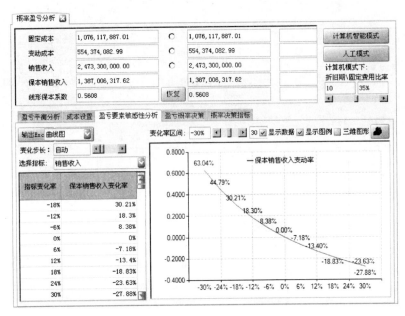

图 4.9 保障收入(销售收入)的盈亏要素敏感性分析结果

以此分别计算正态分布的盈亏概率决策(图 4.10),偏好分布的盈亏概率决策(图 4.11),偏差分布的盈亏概率决策(图 4.12)。

图 4.10 正态分布的盈亏概率决策

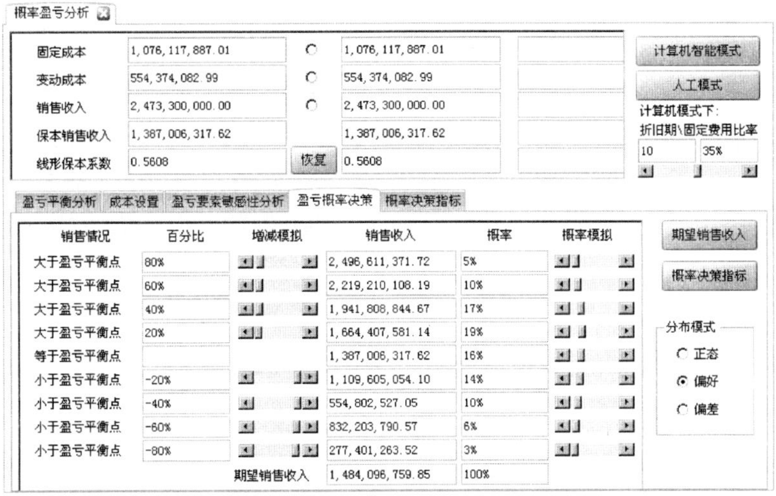

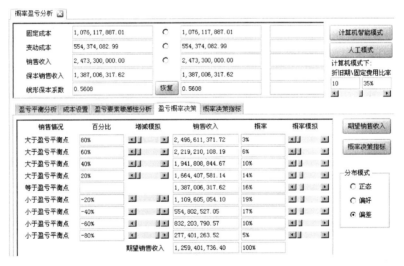

图 4.11　偏好分布的盈亏概率决策

图 4.12　偏差分布的盈亏概率决策

由此可见，"偏好"分布的期望收入最高，"偏差"分布的期望收入最低。

4.3　保障活动的范霍恩可持续发展分析

可持续增长（Sustainable Growth）是企业在不增加权益融资并保持当前经营政策（表现为资产周转率和销售净利率）和筹资政策（表现为资产负债率和收益留存率）的条件下航空公司销售收入的最大增长，简而言之是指在不需要耗尽财务资源情况下航空公司销售所能增长的最大比率。如果实际增长率超过可持续增长率，必定有一些变量脱离目标值，通常是负债比率。航空公司要实现可持续发展，必须在销售额目标与经营效率和财务资源方面搞好平衡。航空公司保持健康增长的窍门在于确定出与公司现实和金融市场状况相符合的销售额增长率，以及能在营销、财务和保障活动方面做出更有根据、更明确的决策。可持续发展模型为决策制定过程提供了一个强有力的计划工具。[81]在一个系统中，我们从静态可持续发展模型、动态可持续发展模型、动态模拟、可持续发展敏感性分析、资金链分析五个方面对航空公司基于 PBL 的保障活动的可持续发展进行分析。

实例分析

根据"4.2 实例分析"的结果，针对该航空公司基于 PBL 的航空备件保障盈亏概率决策，对该保障活动进行范霍恩可持续发展分析，计算静态可持续发展指标值（图 4.13）、预测五年的动态可持续发展率（图 4.14）、动态模拟可持续发展比率（图 4.15）、计算资金链分析的年度数据（表 4.10），以及资金链分析图（图 4.16）。

图 4.13 计算静态可持续发展指标值

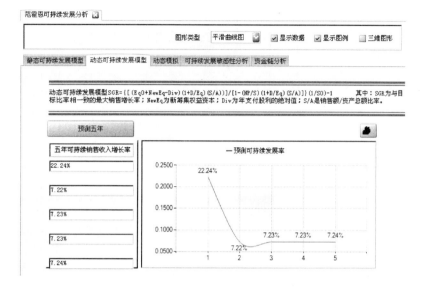

图 4.14　预测五年的动态可持续发展率

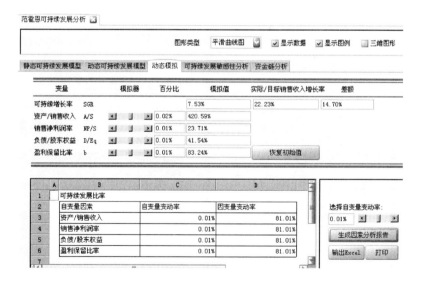

图 4.15　动态模拟可持续发展比率

表 4.10　资金链分析的年度数据

报表日期	可持续发展比率	实际销售收入增长率	差额	货币资金/销售收入	销售收入	现金逆/顺差	累计现金逆/顺差
	(1)	(2)	(3)=(2)−(1)	(4)	(5)	(6)=(3)×(4)×(5)	(7)
2000-12-31	18.91%	23.82%	−0.049 1	86.78%	453 900 718	−19 340 246.62	−19 340 246.62
2001-12-31	9.03%	32.84%	−0.2381	60.02%	602 979 486	−86 170 363.25	−105 510 609.87
2002-12-31	14.25%	18.07%	−0.0382	62.48%	711 985 078	−16 993 204.17	−122 503 814.04
2003-12-31	11.78%	5.05%	0.0673	31.51%	747 982 660	15 861 892.32	−106 641 921.72
2004-12-31	3.33%	22.61%	−0.1928	34.33%	917 152 707	−60 704 723.49	−167 346 645.21
2005-12-31	6.93%	10.41%	−0.0348	75.17%	1 012 713 042	−26 491 722.5	−193 838 367.71
2006-12-31	6.13%	12.77%	−0.0664	105.55%	1 142 099 700	−80 044 285.89	−273 882 653.6
2007-12-31	10.75%	8.72%	0.0203	103.01%	1 241 726 900	25 965 788.46	−247 916 865.14
2008-12-31	5.68%	21.57%	−0.1589	81.48%	1 509 589 800	−195 449 187.9	−443 366 053.04
2009-12-31	12.18%	10.14%	0.0204	86.73%	1 662 716 600	29 418 311.79	−413 947 741.25
2010-12-31	12.75%	14.23%	−0.0148	44.86%	1 899 470 000	−12 611 113.18	−426 558 854.43
2011-12-31	10.77%	6.52%	0.0425	89.19%	2 023 340 000	76 696 220.21	−349 862 634.22
2012-12-31	7.11%	22.23%	−0.1512	50.87%	2 473 300 000	−190 234 957.75	−540 097 591.97

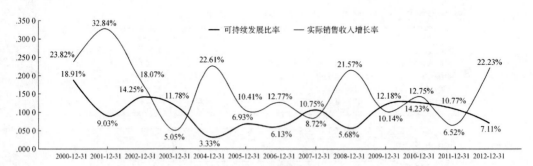

图 4.16　资金链分析图

4.4 保障活动的经济增加值(EVA)分析

所谓经济增加值(EVA),就是指在考虑了资本投资风险的基础上,航空公司创造了高于资本(机会)成本的经济收益。EVA 越高,航空公司为股东带来的资本收益就越高,EVA 直接反映了航空公司的的资本生产力和经济效益。EVA 可以用公式表示为:EVA＝税后净营业利润－资本(机会)成本[82]。

利用 EVA 评价航空公司,可以有效衡量公司在经营过程中的资本沉积和财富增量。用 EVA 解析公司财富,可有效区分财富增量和财富损失,据此合理分配资源,激发经营者更加重视技术创新和技术进步,从而激发公司的经济活力。

实例分析

根据"4.3 实例分析"的结果,航空公司在可持续发展的基础上,分析公司的经济增加值(EVA),以期获得更高的财富增量。首先,我们通过计算,获得该航空公司的累计经济增加值的结构分析图(图4.17)。

选取"保障成本(营业成本)"值为指标初始值,进行敏感性分析,得到保障成本(营业成本)对 EVA 的影响值(图 4.18)。

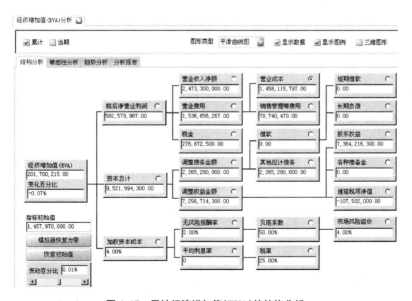

图 4.17 累计经济增加值(EVA)的结构分析

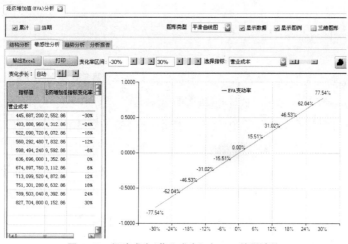

图 4.18 保障成本(营业成本)对 EVA 的影响值

表 4.11　累计经济增加值(EVA)分析报告

自变量因素	自变量变动率	因变量变动率
税后净营业利润	5%	14.43%
资本总计	5%	−9.43%
加权资本成本	5%	−9.43%
营业收入净额	5%	61.27%
营业费用	5%	−38.07%
税金	5%	−6.86%
调整债务金额	5%	−2.24%
调整权益金额	5%	−7.19%
无风险报酬率	5%	−4.72%
平均利息率	5%	0%
营业成本	5%	−36.12%
销售管理等费用	5%	−1.95%
借款	5%	0%
其他应计债务	5%	−2.24%
贝塔系数	5%	−4.72%
税率	5%	0%
短期借款	5%	0%
长期负债	5%	0%
股东权益	5%	−7.3%
各种准备金	5%	0%
递延税项净值	5%	0.11%
市场风险溢价	5%	−4.72%

　　进一步分析图 4.19、表 4.11 可知,该航空公司在实施 PBL 之后,随着保障成本比率的增加,经济增加值增长得更快,公司财富量的攀升速度远远超过了保障成本比率的增长。

图 4.19　累计经济增加值(EVA)趋势分析

4.5　保障活动中的自由现金流量分析

　　自由现金流量等于经营活动中的净现金流量减去用于保持当前增长率所需的现金支出。由于有真实的现金支出,所以自由现金流量不会受到会计方法的影响,公司操控的影响也会更少,因此具有较好的分析功用。在分析系统中,分析和计算自由现金流量时,首先要建立自由现金流量的“动因树”,计算过度保障成本和过度经营费用。通过自由现金流量的分析,我们可以了解“公司脂肪”的厚度,为公司“消脂减肥”提供可靠的定量分析数据(理清公司中不合理的成本费用)。同时,还可以建立自由现金流量组合和乘数,进行自由现金流量的组合比较、动态模拟以及敏感性分析,从而找到影响自由现金流的主要动因,生成因素分析报告,为优化自由现金流量提供依据。

　　实例分析

　　紧接着“4.4　实例分析”的结果,我们知道该航空公司实施 PBL 保障方案后,经济增加值(EVA)不断攀升,但保障成本也在增加,为了更好地降低保障成本,我们需要在这些成本中理清哪些是合理的,哪些是不合理的,从而削减甚至可以消灭那些不合理的成本。为了解决这个问题,我们就要用到“自由现金流量分析”这一工具。下面我们就继续以该航空公司为例,分析其自由现金流量。

　　首先,选择指标初始值为“保障现金流量”(“经营现金流量”)的累计自由现金流量分析(图 4.20)。然后,选择现金流量分析,进入界面(图 4.21),

得到自由现金流量分析表(表 4.12),并对表格中的 21 个自由现金流量指标,在 2012-12-31 的时间点,进行现金流量趋势分析(图 4.22～图 4.42),得到合成现金流量表中基于"直接法"的现金流量因素分析结果(图 4.43),生成现金流量因素分析报告(表 4.13)。

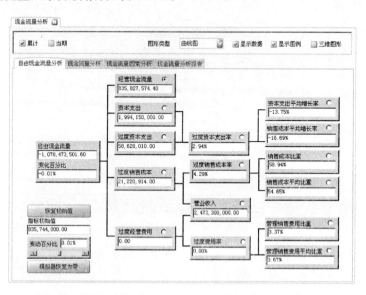

图 4.20　指标初始值为"保障现金流量"的累计自由现金流量分析

图 4.21　自由现金流量分析界面

表 4.12　航空备件保障的自由现金流量表

类别	指标	分子	分母	2000-6-30	2000-12-31	2001-6-30	2001-12-31	2002-6-30	2002-12-31	2003-3-31	2003-6-30	2003-12-31	2004-3-31	2004-6-30	2004-9-30	2004-12-31	2005-3-31	2005-6-30	2005-9-30	2005-12-31	2006-3-31	2006-6-30	2006-9-30	2006-12-31	2007-3-31	2007-6-30
现金流量结构分析																											
总结构分析																											
	经营活动比重	经营活动净现金流量	净现金流量	252.86%	73.35%	−170.34%	−752.56%	167.82%	438.83%	−427.26%	−665.25%	−173.09%	485.06%	561.96%	1017.54%	682.17%	−573.84%	272.71%	582.34%	235.64%	49.27%	122.9%	122.34%	−160.26%	208.86%	1218.84%
	投资活动比重	投资活动净现金流量	净现金流量	−152.46%	−87.55%	192.76%	73.44%	−3.34%	−62.6%	522.59%	743.69%	310.67%	−138.61%	−317.6%	−712.55%	−484.09%	330.45%	−102.1%	−154.45%	−67.87%	−9.38%	83.76%	66.33%	187.38%	−108.86%	43.44%
	筹资活动比重	筹资活动净现金流量	净现金流量	−0.97%	114.17%	77.58%	779.06%	−64.49%	−276.24%	4.67%	21.26%	−37.74%	−246.35%	−144.15%	−204.71%	−98.11%	343.38%	−70.61%	−327.85%	−67.29%	60.11%	−106.52%	−88.56%	72.36%	0%	−1158.29%
流入结构分析																											
总流入结构分析																											
	经营活动流入比重	经营活动流入	总流入	75.34%	49.78%	58.7%	52.51%	58.08%	70.89%	99.35%	84.96%	78.96%	86.9%	68.82%	73.97%	76.36%	99.99%	98.9%	97.99%	80.37%	57.35%	56.45%	64.04%	60.22%	99.57%	84.37%
	投资活动流入比重	投资活动流入	总流入	22.6%	11.59%	12.42%	24.55%	6.05%	3.92%	0.65%	4.23%	2.63%	13.1%	23.58%	20.29%	15.41%	0.01%	1.1%	2.01%	16.9%	0.02%	22.69%	19.05%	23.64%	0.43%	15.63%
	筹资活动流入比重	筹资活动流入	总流入	2.06%	38.63%	28.88%	22.93%	35.87%	25.2%	0%	10.81%	18.41%	0%	7.6%	5.74%	8.23%	0%	0%	0%	2.73%	42.63%	20.86%	16.9%	16.14%	0%	0%
流出结构分析																											
总流出结构分析																											
	经营活动流出比重	经营活动流出	总流出	45.%	38.98%	23.52%	24.87%	38.37%	40.01%	67.2%	52.1%	35.74%	52.39%	39.9%	42.74%	45.38%	65.58%	63.49%	59.14%	52.16%	72.26%	37.12%	47.22%	28.66%	73.93%	48.35%
	投资活动流出比重	投资活动流出	总流出	52.43%	56.97%	40.12%	26.23%	7.74%	9.5%	32.52%	36.63%	55.48%	26.25%	43.6%	44.55%	40.95%	16.88%	22.13%	14.56%	32.35%	17.35%	4.91%	5.4%	47.13%	26.07%	14.76%
	筹资活动流出比重	筹资活动流出	总流出	2.57%	4.05%	36.36%	48.9%	53.9%	50.49%	0.29%	11.27%	8.78%	21.36%	16.5%	12.71%	13.67%	17.53%	14.39%	26.29%	15.49%	10.39%	57.97%	47.39%	24.21%	0%	36.89%
流入流出比分析																											
	经营活动流入流出比	经营活动流入	经营活动流出	195.84%	186.14%	211.23%	203.93%	178.59%	192.03%	138.82%	155.94%	183.1%	180.26%	182.62%	178.83%	176.84%	144.67%	187.52%	178.96%	182.26%	225.76%	196.43%	174.89%	180.16%	166.28%	180.3%
	投资活动流入流出比	投资活动流入	投资活动流出	50.41%	29.65%	26.21%	90.38%	92.25%	44.7%	1.86%	11.04%	3.93%	54.22%	57.27%	47.05%	39.56%	0.07%	5.99%	14.95%	61.79%	0.32%	597.26%	455.33%	43.%	2.01%	109.37%
	筹资活动流入流出比	筹资活动流入	筹资活动流出	93.56%	1391.18%	67.23%	45.29%	78.5%	54.09%	0%	91.73%	173.73%	0%	48.75%	46.68%	63.3%	0%	0%	0%	20.87%	1166.34%	46.48%	45.99%	57.15%	0	0%
现金流量流动性分析																											
	现金到期债务比	经营活动净现金流量	本期到期债务	0	0	214.09%	79.01%	71.26%	107.07%	0	282.06%	362.%	199.01%	205.32%	284.42%	269.05%	172.63%	454.5%	635.22%	974.12%	874.14%	113.55%	138.7%	154.97%	0	1950.54%
	现金流动负债比	经营活动净现金流量	流动负债	105.98%	60.59%	66.29%	86.32%	41.61%	162.37%	22.94%	69.9%	87.07%	23.4%	67.9%	109.13%	107.44%	27.87%	56.83%	108.91%	134.56%	25.75%	84.4%	113.23%	160.37%	28.67%	74.64%
	现金债务总额比	经营活动净现金流量	债务总额	25.99%	34.01%	35.77%	82.32%	39.31%	162.37%	22.94%	69.9%	87.07%	23.4%	67.9%	109.13%	107.44%	27.87%	56.83%	108.91%	134.56%	25.75%	84.4%	113.23%	160.37%	28.67%	74.64%
获取现金能力分析																											
	销售现金比率	经营活动净现金流量	营业收入	48.26%	47.33%	73.41%	58.97%	41.34%	51.13%	27.87%	39.78%	48.4%	43.66%	44.56%	41.42%	44.%	37.11%	47.3%	42.99%	48.09%	57.93%	50.53%	41.13%	47.86%	33.42%	42.72%
	每股经营现金	经营活动净现金流量	普通股股数	0.2142	0.4297	0.4282	0.7112	0.2851	0.4551	0.0648	0.1763	0.4525	0.1244	0.2567	0.3556	0.5045	0.1079	0.2841	0.397	0.6089	0.2024	0.1993	0.2434	0.3796	0.0673	0.1779
	总资产现金回收率	经营活动净现金流量	资产总计	5.32%	8.19%	7.68%	13.63%	5.22%	13.43%	1.86%	4.97%	11.18%	2.97%	6.21%	8.51%	12.26%	2.6%	6.72%	9.5%	13.98%	4.2%	8.3%	9.87%	14.94%	2.54%	6.9%
财务弹性分析																											
	现金投资比率	经营活动净现金流量	投资净支出	82.25%	58.94%	65.21%	98.53%	389.67%	387.67%	80.24%	79.57%	53.52%	160.21%	75.61%	75.62%	85.17%	173.53%	251.11%	320.7%	132.65%	523.72%	729.62%	655.39%	48.75%	187.99%	263.02%
	利息现金保障倍数	经营活动净现金流量	利息支出	2359.74%	1346.14%	0	0	0	0	0	0	0	0	0	0	0	0	0	0	0	0	0	0	0	0	0
收益质量分析																											
	运营指数	净利润	经营活动净现金流量	151.21%	147.32%	92.29%	94.43%	132.9%	87.95%	154.03%	106.9%	82.96%	108.84%	87.64%	90.91%	64.02%	102.1%	80.29%	82.11%	74.34%	66.85%	76.03%	99%	75.91%	125.06%	96.57%

类别	指标	分子	分母	2007-9-30	2007-12-31	2008-3-31	2008-6-30	2008-9-30	2008-12-31	2009-3-31	2009-6-30	2009-9-30	2009-12-31	2010-3-31	2010-6-30	2010-9-30	2010-12-31	2011-3-31	2011-6-30	2011-9-30	2011-12-31	2012-3-31	2012-6-30	2012-9-30	2012-12-31
现金流量结构分析																								
总结构分析																								
	经营活动比重	经营活动净现金流量	净现金流量	−674.31%	−4567.65%	−306.42%	−425.62%	−896.35%	708.56%	−97.38%	−164.12%	−266.84%	−430.84%	−518.58%	257.6%	1571.09%	298.32%	158.22%	−513.4%	202.94%	116.53%	−17.56%	−262.%	−103.92%	−244.75%
	投资活动比重	投资活动净现金流量	净现金流量	348.48%	2972.57%	412.12%	176.31%	466.78%	−367.45%	201.79%	294.95%	359.%	479.76%	571.73%	−135.81%	−1322.09%	−161.08%	−50.47%	527.33%	−885.65%	−326.5%	117.53%	444.85%	220.01%	519.66%
	筹资活动比重	筹资活动净现金流量	净现金流量	423.79%	1667.8%	−6.02%	348.69%	528.21%	−239.91%	−4.42%	−30.86%	7.8%	51.02%	46.81%	−21.76%	−148.88%	−37.18%	−7.73%	86.02%	782.74%	310.01%	0.03%	−82.87%	−16.09%	−174.91%
流入结构分析																								
总流入结构分析																								
	经营活动流入比重	经营活动流入	总流入	89.21%	27.92%	98.25%	35.28%	36.08%	86.76%	98.25%	32.71%	44.67%	50.74%	90.07%	86.52%	80.07%	67.33%	53.45%	70.2%	42.79%	50.4%	98.77%	67.72%	81.09%	71.02%
	投资活动流入比重	投资活动流入	总流入	10.79%	70.68%	0.01%	64.45%	63.73%	10.07%	0.47%	0.76%	0.94%	0.9%	9.93%	13.48%	17.5%	32.67%	46.55%	29.8%	0.81%	0.8%	1.23%	18.98%	9.%	6.26%
	筹资活动流入比重	筹资活动流入	总流入	0%	1.4%	1.73%	0.26%	0.18%	3.17%	1.28%	66.53%	54.39%	48.36%	0%	0%	2.43%	0%	0%	0%	56.41%	48.8%	0%	13.31%	9.91%	22.72%
流出结构分析																								
总流出结构分析																								
	经营活动流出比重	经营活动流出	总流出	47.48%	16.67%	41.72%	17.56%	19.44%	50.67%	54.32%	26.67%	32.48%	32.44%	39.36%	56.79%	46.06%	41.33%	34.1%	38.93%	30.8%	38.57%	27.32%	39.76%	36.4%	43%
	投资活动流出比重	投资活动流出	总流出	29.3%	77.84%	57.63%	68.77%	70.95%	32.03%	45.68%	9.78%	14.95%	19.1%	56.74%	39.43%	48.06%	54.48%	64.48%	56.46%	67.16%	59.38%	72.67%	55.09%	59.97%	51.82%
	筹资活动流出比重	筹资活动流出	总流出	23.22%	5.49%	0.65%	13.67%	9.61%	17.31%	0%	63.55%	52.57%	48.46%	3.9%	3.78%	5.88%	4.18%	1.43%	4.61%	2.04%	2.06%	0.02%	5.15%	3.63%	5.18%
流入流出比分析																								
	经营活动流入流出比	经营活动流入	经营活动流出	177.81%	167.16%	202.7%	193.22%	182.34%	181.31%	140.26%	118.87%	132.14%	150.49%	209.77%	178.85%	177.82%	181.24%	185.74%	170.67%	149.32%	154.08%	139.48%	155.88%	168.98%	150.5%
	投资活动流入流出比	投资活动流入	投资活动流出	34.84%	90.64%	0.02%	90.14%	88.25%	33.29%	0.8%	7.54%	6.03%	4.53%	16.05%	40.13%	37.25%	66.72%	85.54%	49.96%	1.29%	1.59%	0.66%	31.53%	11.38%	11.01%
	筹资活动流入流出比	筹资活动流入	筹资活动流出	0%	25.48%	229.38%	1.86%	1.86%	19.4%	0	101.49%	99.42%	96.%	0%	0%	42.24%	0%	0%	0%	2966.14%	2798.86%	0%	236.34%	207.09%	399.37%
现金流量流动性分析																								
	现金到期债务比	经营活动净现金流量	本期到期债务	2949.38%	1991.49%	0	691.68%	961.63%	1577.04%	0	8.14%	20.41%	35.16%	1107.92%	1183.58%	1184.49%	1707.88%	2290.04%	0	0	0	0	0	0	835.74%
	现金流动负债比	经营活动净现金流量	流动负债	104.38%	143.54%	38.52%	95.62%	119.42%	156.65%	22.05%	25.78%	67.65%	117.01%	48.18%	83.35%	109.05%	135.54%	30.36%	59.05%	84.44%	106.49%	19.82%	39.3%	400.94%	106.54%
	现金债务总额比	经营活动净现金流量	债务总额	104.38%	141.04%	37.92%	56.66%	73.44%	93.71%	14.98%	21.32%	55.52%	96.99%	40.29%	74.42%	98.68%	133.95%	30.04%	58.46%	22.8%	32.57%	5.78%	14.2%	89.63%	27.37%
获取现金能力分析																								
	销售现金比率	经营活动净现金流量	营业收入	42.26%	42.18%	40.95%	44.29%	41.66%	45.43%	28.72%	15.93%	73.25%	34.88%	54.49%	46.22%	45.24%	48.03%	43.09%	39.16%	32.76%	37.07%	24.86%	33.86%	54.9%	33.79%
	每股经营现金	经营活动净现金流量	普通股股数	0.269	0.3638	0.088 9	0.199 3	0.277 2	0.405 7	0.065 1	0.0749	0.1879	0.343	0.1486	0.2529	0.3743	0.5397	0.1254	0.2323	0.2919	0.4437	0.078	0.2149	1.5748	0.4944
	总资产现金回收率	经营活动净现金流量	资产总计	10.01%	13.16%	2.94%	6.74%	9.1%	12.79%	2%	2.32%	5.63%	10.01%	4.19%	6.96%	10%	13.96%	3.15%	5.76%	5.54%	8.19%	1.41%	3.78%	25.12%	8.03%
财务弹性分析																								
	现金投资比率	经营活动净现金流量	投资净支出	126.08%	14.39%	74.34%	23.81%	22.56%	128.63%	47.87%	51.45%	69.85%	85.74%	76.15%	113.56%	74.57%	61.63%	45.34%	48.72%	22.62%	35.12%	14.84%	40.33%	41.86%	41.91%
	利息现金保障倍数	经营活动净现金流量	利息支出	0	0	0	0	0	0	0	0	0	0	0	0	0	0	0	0	0	0	0	0	0	0
收益质量分析																								
	运营指数	净利润	经营活动净现金流量	98.%	92.62%	104.64%	21.54%	38.03%	36.27%	134.79%	226.73%	144.04%	100.52%	74.69%	86.84%	86.21%	79.28%	82.9%	90.99%	108.48%	88.96%	140.37%	78.36%	49.05%	70.18%

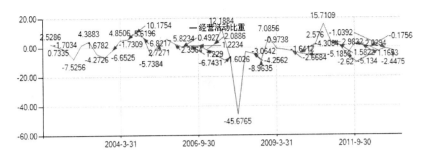

图 4.22　"经营活动比重"的变化趋势

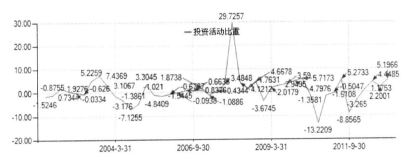

图 4.23　"投资活动比重"的变化趋势

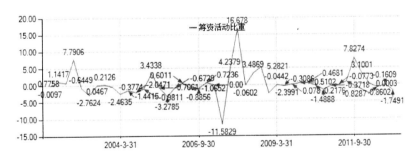

图 4.24　"筹资活动比重"的变化趋势

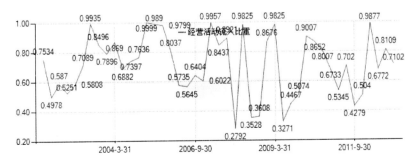

图 4.25　"经营活动流入比重"的变化趋势

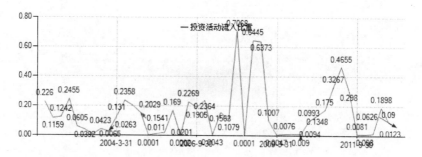

图 4.26 "投资活动流入比重"的变化趋势

图 4.27 "筹资活动流入比重"的变化趋势

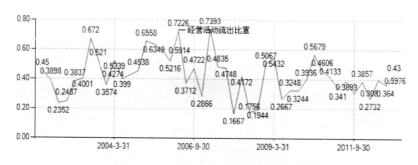

图 4.28 "经营活动流出比重"的变化趋势

图 4.29 "投资活动流出比重"的变化趋势

基于性能（ＰＢＬ）的航空备件保障方法研究

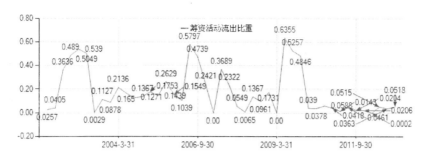

图 4.30 "筹资活动流出比重"的变化趋势

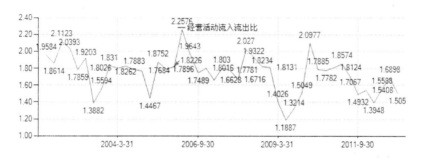

图 4.31 "经营活动流入流出比"的变化趋势

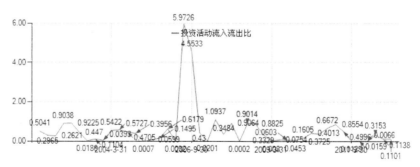

图 4.32 "投资活动流入流出比"的变化趋势

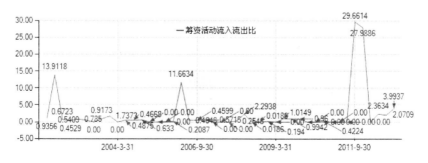

图 4.33 "筹资活动流入流出比"的变化趋势

4　基于ＰＢＬ的航空备件保障的经济性分析

89

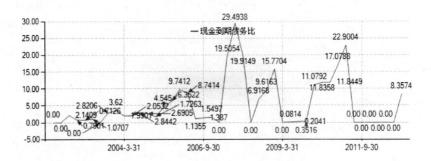

图 4.34 "现金到期债务比"的变化趋势

图 4.35 "现金流动负债比"的变化趋势

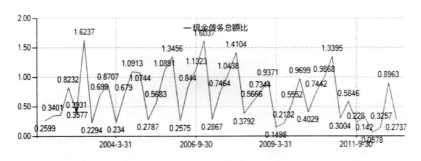

图 4.36 "现金债务总额比"的变化趋势

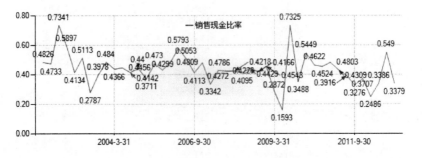

图 4.37 "销售现金比率"的变化趋势

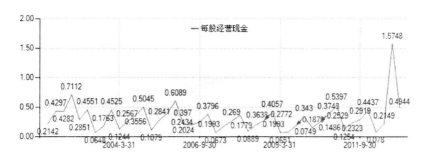

图 4.38 "每股经营现金"的变化趋势

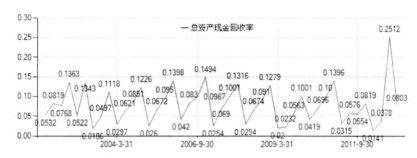

图 4.39 "总资产现金回收率"的变化趋势

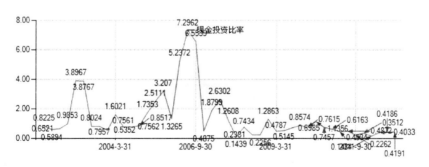

图 4.40 "现金投资比率"的变化趋势

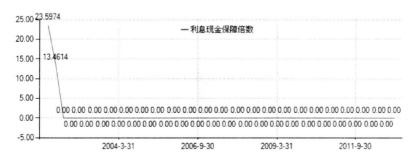

图 4.41 "利息现金保障倍数"的变化趋势

4
基于PBL的航空备件保障的经济性分析

91

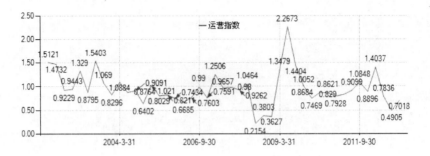

图 4.42 "运营指数"的变化趋势

图 4.43 航空备件保障系统的现金流量因素分析结果

表 4.13 累计现金流量因素分析报告

分析指标	实际值	预测值	变化程度
净现金流量	888 628 080	−549 694 253.01	−161.86%
营业费用现金支出	−42 466 860	−42 479 600.06	0.03%
净支付利息	−4 742 170	−4 744 066.87	0.04%
缴纳税收	295 196 700	295 285 259.01	0.03%
其他现金支出	110 698 440	110 875 557.5	0.16%
固定资产增减	2 005 552 670.76	2 004 549 894.42	−0.05%
无形及递延资产增减	−8 612 920	−8 617 226.46	0.05%
长期投资增减	13 179 000	13 181 635.8	0.02%
长期负债增减	670 115 600	670 316 634.68	0.03%
实收资本增减	10 000	10 008	0.08%
少数股东权益增减	−9 476 500	−9 475 552.35	−0.01%

通过以上分析可知,影响 PBL 中航空备件保障的自由现金流量的主要因素有:净现金流量、营业费用现金支出、净支付利息、缴纳税收、其他现金支出、固定资产增减、无形及递延资产增减、长期投资增减、长期负债增减、实收资本增减、少数股东权益增减;多余的指标有:短期投资增减、长期资产增减、短期借款增减、外币报表折算额等。

4.6 基于 K-模型和边际模型的盈余质量分析

基于 PBL 的航空备件保障活动中,保障活动的盈余管理和盈余质量分析可以采用四种模型:琼斯模型、扩展琼斯模型、K-S 模型和边际模型。琼斯模型和边际模型明确地将经济环境的变化引入了对"应计利润"的估计。琼斯模型提供了可靠的估计,并能有效地用于假设检验。琼斯模型和边际模型都有很好的预测能力,琼斯模型在识别收入操纵和费用操纵方面能力较强,而边际模型在保障活动出现异常情况时,对"应计利润"的预测更为准确,但这两种模型对数据的要求较高,需要 10 年以上的时间序列数据来估计模型的参数。K-S 模型是一种比较精确的预测模型,它的拟合效果最好,但 K-S 模型的计算比较繁琐,对数据的要求非常高,所有涉及的变量都要求有二阶滞后值作为工具。

琼斯模型(Jones):

$$\frac{TA_{it}}{A_{i(t-1)}} = \frac{b_0}{A_{i(t-1)}} + b_1 \frac{\Delta REV_{it}}{A_{i(t-1)}} + b_2 \frac{PPE_{it}}{A_{i(t-1)}} + \varepsilon_{it} \tag{4.1}$$

其中:TA_{it}——i 公司第 t 年的应计利润总额;

ΔREV_{it}——i 公司第 t 年营业收入的增加额;

PPE_{it}——i 公司第 t 年固定资产总额;

b_0——常数项;

b_1、b_2——分别为营业收入和固定资产的回归系数;

$A_{i(t-1)}$——i 公司第 $t-1$ 年的资产总额。

扩展琼斯模型:

$$\frac{TA_{it}}{A_{i(t-1)}} = \frac{b_0}{A_{i(t-1)}} + b_1 \left(\frac{\Delta REV_{it}}{A_{i(t-1)}} - \frac{\Delta REC_{it}}{A_{i(t-1)}} \right) + b_2 \frac{FA_{it}}{A_{i(t-1)}} + b_3 \frac{IA_{it}}{A_{i(t-1)}} \tag{4.2}$$

其中:TA_{it}——i 公司第 t 年的应计利润总额;

ΔREV_{it}——i 公司第 t 年营业收入的增加额;

ΔREC_{it}——i 公司第 t 年的应收账款变动额;

FA_{it}——i 公司第 t 年的固定资产;

IA_{it}——i 公司第 t 年的无形资产和其他长期资产;

$A_{i(t-1)}$——i 公司第 $t-1$ 年的资产总额。

K-S 模型(Kang and Sivaramakrishnan):

$$\frac{ACCBAL_t}{A_{t-1}}=b_0+b_1\frac{REV_t}{A_{t-1}}\left(\frac{ART_{t-1}}{REV_{t-1}}\right)+b_2\frac{EXP_t}{A_{t-1}}\left(\frac{OCAL_{t-1}}{EXP_{t-1}}\right)+b_3\frac{PPE_t}{A_{t-1}}\left(\frac{DEP_{t-1}}{PPE_{t-1}}\right)$$

(4.3)

其中:$ACCBAL$＝流动资产－现金－流动负债－折旧费用;

REV_t——第 t 年的营业收入;

$OCAL$＝流动资产－应收账款－现金－流动负债;

DEP——损益表中的折旧费用;

ART＝应收账款－退税收入;

EXP——费用;

b_0——常数项;

b_1、b_2、b_3——回归系数。

边际模型(K V Peasne H,P F Pope and Young):

$$WCA_t=b_0+b_1 REV_t+b_2 CR_t$$

(4.4)

其中:WCA——应计营业利润;

REV_t——第 t 年的营业收入;

CR——营业收入与应收账款之差;

b_0——常数项;

b_1、b_2——回归系数。

从理论上讲,残差是回归方程的随机项,其均值应等于零,如果其值显著地异于零,则说明存在异常的操控性"应计利润",即存在盈余管理行为。

实例分析

紧接着"4.5 实例分析"的结果,我们找到了该航空公司实施 PBL 保障方案后不合理的成本费用,下面我们就继续以该航空公司为例,分析其盈余质量。首先计算琼斯模型(图 4.44),得到的检验结论是"回归方程整体作为解释变量作用不明显,该模型失效!"(表 4.14);然后,计算琼斯扩展模型(图 4.45),得到检验结论是"回归方程整体作为解释变量作用不明显,该模型失效!"(表 4.15);第三步,计算 K-S 模型(图 4.46),得到的检验结论是

"回归方程整体作为解释变量作用明显!"(表4.16);第四步,计算边际模型
(图4.47),得到的结论是"回归方程整体作为解释变量作用明显!"
(表4.17)。由此可见,对基于 PBL 的航空备件保障,应用 K-S 模型和边际模
型分析盈余质量是有效的。

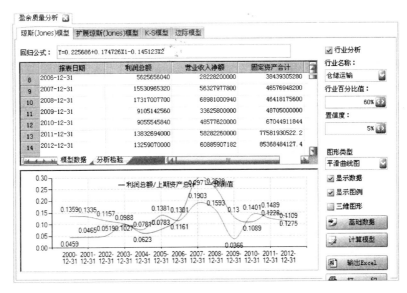

图 4.44　盈余质量分析的琼斯模型计算

表 4.14　盈余质量分析的琼斯模型检验结论

报告内容	报告值
多重拟合优度(判定系数)	0.234 3
调整拟合优度(判定系数)	0.081 1
复相关系数	0.484
总离差(SST)	0.071 5
回归(SSR)	0.016 8
残差(SSE)	0.054 8
整体 F 统计值(回归方程)	1.529 6
F 置信度	0.05
F 临界值	3.982 3
F 检验结论	回归方程整体作为解释变量作用不明显,该模型失效!

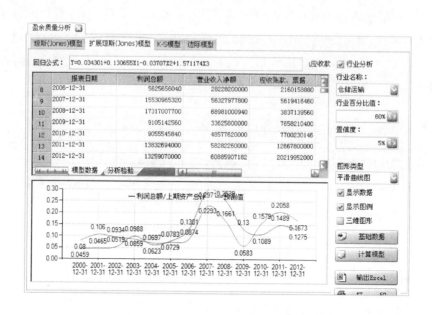

图 4.45 盈余质量分析的扩展琼斯模型计算

表 4.15 盈余质量分析的扩展琼斯模型检验结论

报告内容	报告值
多重拟合优度(判定系数)	0.536 2
调整拟合优度(判定系数)	0.381 7
复相关系数	0.732 3
总离差(SST)	0.071 5
回归(SSR)	0.038 4
残差(SSE)	0.033 2
整体 F 统计值(回归方程)	3.468 9
F 置信度	0.05
F 临界值	3.708 3
F 检验结论	回归方程整体作为解释变量作用不明显,该模型失效!

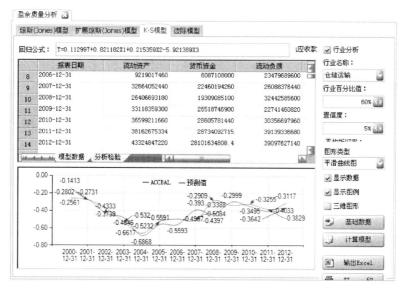

图 4.46　盈余质量分析的 K-S 模型计算

表 4.16　盈余质量分析的 K-S 模型检验结论

报告内容	报告值
多重拟合优度(判定系数)	0.732 3
调整拟合优度(判定系数)	0.643
复相关系数	0.855 7
总离差(SST)	0.244 9
回归(SSR)	0.179 3
残差(SSE)	0.065 6
整体 F 统计值(回归方程)	8.205 7
F 置信度	0.05
F 临界值	3.708 3
F 检验结论	回归方程整体作为解释变量作用明显!

图 4.47 盈余质量分析的边际模型计算

表 4.17 盈余质量分析的边际模型检验结论

报告内容	报告值
多重拟合优度(判定系数)	0.961 3
调整拟合优度(判定系数)	0.953 5
复相关系数	0.980 4
总离差(SST)	—
回归(SSR)	—
残差(SSE)	—
整体 F 统计值(回归方程)	124.055 6
F 置信度	0.05
F 临界值	3.982 3
F 检验结论	回归方程整体作为解释变量作用明显！

4.7 评价保障活动成功与否的阿塔曼模型

阿塔曼模型,也称为 Z 值模型(Altman's Z-Score Model),是 Altman 教授在 1968 年分析了美国破产企业和非破产企业的 22 个会计变量和 22 个非会计变量,从中选取了衡量变现能力、盈利能力、财务杠杆效率、偿还能力、流动性等 5 个关键指标,建立了 Z 值模型, Z 值模型开始是用来预测企业是否面临破产的模型,后于 2000 年对该模型进行了修正。我们这里计算采用的是 2000 年修正后的模型,即采用 7 个指标作为评价航空备件保障活动成功与否的变量,指标如下:

(1) 资产报酬率。用息税前收益除以总资产来衡量。在过去的多变量研究及最主要的单变量研究中,这个变量在衡量项目业绩时是非常有用的。

(2) 收益的稳定性。用十年资产报酬率的标准差的倒数来衡量,由围绕变量 X_1 十年变化趋势所估计出的标准差给出。商业风险通常都是用收益的波动性来衡量的,而这一衡量方法是非常有效的。

(3) 利息保障倍数。即息税前收益/总利息支出(包括资本化的租赁负债的利息支出)。

(4) 盈利积累。由保障项目的留存收益/总资产来衡量。这一比率不仅反映了保障活动随时间累积的盈利能力,还包含了保障活动的经营时间长短及红利政策等因素。在过去的研究中,这一比率是相当有用的,不论在单变量分析中,还是在多变量分析中,这一指标无疑都是最重要的变量。

(5) 流动比率。尽管以前的一些研究发现,在预测项目破产的时候,流动比率并没有其他的一些流动性指标那么有效,但是发现它比其他指标(如营运资本/总资产比率)包含更多的信息。

(6) 资本化率。用 5 年的股票平均市场值/总长期资本来度量,即普通股价值除以总资本,分子和分母中的普通股价值都是用其 5 年的平均市场价值来衡量。分母中还包括了优先股的清偿价值、长期债务和资本化的租赁。

(7) 资产规模。由公司的总资产来衡量。这一变量跟其他变量一样,也是根据最新的财务报告变化进行调整的。

这 7 个指标分别表示目前该航空公司实施基于 PBL 的航空备件保障活动的盈利性、收益的风险、利息、长期的盈利性、流动性和规模等特征。

4.7.1 阿塔曼 Z 值模型

在系统中,阿塔曼 Z 值的回归方程表示为:

$$Z = 1.2X_1 + 1.4X_2 + 3.3X_3 + 0.6X_4 + 1.0X_5 \tag{4.5}$$

其中:

(1) X_1 指标主要是用来分析流动性和资产规模。如果航空公司的航空备件保障活动面临持续性的经营困难,流动资产相对于总资产就会萎缩[79]。计算公式如下:

$$X_1 = 营运资本/总资产 \tag{4.6}$$

$$营运资本 = 流动资产合计 - 流动负债合计 \tag{4.7}$$

（2）X_2指标是累积盈利性的指标。应该注意到留存收益会因为保障活动的变化、航空公司的重组或股票分红而变化,因此在使用该指标预测的时候要考虑保障活动的存在年限。如果保障活动刚实施,没有多长时间累积利润,该指标会很低,那么该类保障活动有可能会被误认为保障活动失败,但是这个比率在实际中用于预测却很准确,因为有很大一部分保障活动在其实施的早期阶段就已经失败了。计算公式如下:

$$X_2 = 留存收益/总资产 \tag{4.8}$$

$$留存收益 = 净利润 \times 留存比例 \tag{4.9}$$

（3）X_3指标用于衡量航空公司保障活动资产的盈利能力。航空公司的持续保障活动取决于资产的盈利能力,因此用该指标预测财务困境非常有效。当公司的资产盈利能力不足以偿还其债务时,就会发生保障活动失败。计算公式如下:

$$X_3 = 资产报酬率 = 息税前利润/总资产 \tag{4.10}$$

（4）X_4指标用于评估当负债超过一定限度、保障活动濒临失败的时候,航空公司资产价值下降的程度。该指标的倒数(负债/权益比率)通常被用于衡量财务杠杆。计算公式如下:

$$X_4 = 权益市场值/总债务的账面值 \tag{4.11}$$

$$权益市场值 = 净利润 \times 市盈率 \tag{4.12}$$

$$总债务的账面值 = 长期负债合计 + 流动负债合计 \tag{4.13}$$

（5）X_5指标是一个衡量航空公司资产管理能力的指标。计算公式如下:

$$X_5 = 销售收入/总资产 \tag{4.14}$$

阿塔曼 Z 值模型有很多用途,它可以用于银行的贷款评价、航空备件保障活动应收账款的管理、航空公司内部保障控制程序、保障活动的投资战略等。这一模型可作为审批贷款的一个参考,也可以作为评定客户信用价值的方法,并且具有一定的预测功能,但不能代替审批,如果航空公司的航空备件保障活动归于失败组,并继续恶化,则必然失败[80]。

4.7.2 阿塔曼敏感性分析

阿塔曼敏感性分析是指分析某一指标不同的变化区间对阿塔曼 Z 值的影响程度。其中，

$$敏感系数＝目标值变动百分比/参量值变动百分比 \qquad (4.15)$$

在系统中，我们对阿塔曼 Z 值进行敏感性分析，设定 18 个分析指标：资产总计、营运资本比率、留存收益比率、资产报酬率、市值债务比率、总资产销售率、营运资本、净利润、留存比例、市值、债务总额、营业收入净额、流动资产合计、流动负债合计、所得税、财务费用、长期负债合计、市盈率，选择其中的一个指标进行敏感性分析，通过改变该指标的"变化率区间"（如：－30%～＋30%），设定其"变化步长"，得到一组随"指标变化率"的变动而变动的"阿塔曼 Z 值变化率"数据，以"指标变化率"作为坐标的横轴，以该指标的变化所引起的"阿塔曼 Z 值变化率"作为坐标的纵轴，这就构成了阿塔曼 Z 值敏感性分析图。我们通过这种动态模拟大致可以了解不同的分析指标对阿塔曼 Z 值影响的重要程度，并可对其原因进行进一步分析[81]。

进行阿塔曼 Z 值敏感性分析，目的在于：找出影响阿塔曼 Z 值变动率的各个敏感性指标；通过变动各个敏感性指标的变化区间及变化步长，来分析各个敏感性指标的变动对阿塔曼 Z 值的影响程度；比较各个敏感性指标变动对阿塔曼 Z 值变动的敏感性大小，确定不同敏感性指标对阿塔曼 Z 值的敏感性程度的大小并进行排序；根据排序结果来分析敏感性程度不同的各个指标对阿塔曼 Z 值产生的影响，以及对原因进行进一步分析。

在系统中，进行阿塔曼 Z 值敏感性分析，步骤为：第一步，确定分析的敏感性指标。评价阿塔曼 Z 值敏感性的指标主要包括：资产总计、营运资本比率、留存收益比率、资产报酬率、市值债务比率、总资产销售率、营运资本、净利润、留存比例、市值、债务总额、营业收入净额、流动资产合计、流动负债合计、所得税、财务费用、长期负债合计、市盈率。第二步，选定"选择指标"，并设定其"变化率区间"和"变化步长"。第三步，计算"指标变化率"变动对"阿塔曼 Z 值变动率"的影响程度，找出敏感性因素。第四步，绘制"敏感性分析图"，求出"选择指标"中各个指标对阿塔曼 Z 值产生的影响[82]。

4.7.3 实例分析

根据"4.6 实例分析"的结论，我们继续应用阿塔曼模型，对该航空公司

基于 PBL 的航空备件保障活动的成功与否进行评价。应用软件计算，得到指标初始值为"资产总计"，变动百分比为 0.01% 的累计阿塔曼模型(图 4.48)、阿塔曼敏感性分析结论(图 4.49)，以及阿塔曼 Z 值因素分析报告(表 4.18)。

图 4.48 航空备件保障评价的阿塔曼模型

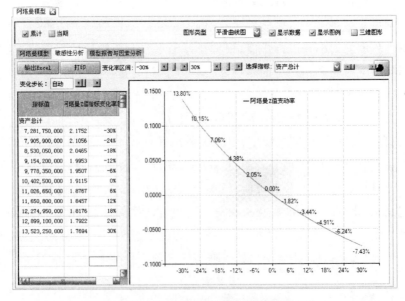

图 4.49 航空备件保障评价的阿塔曼敏感性分析

表 4.18　航空备件保障评价的阿塔曼 Z 值因素分析报告

自变量因素	自变量变动率	因变量变动率
资产总计	5%	−1.55%
营运资本比率	5%	0%
留存收益比率	5%	0.1%
资产报酬率	5%	0.64%
市值债务比率	5%	3.39%
总资产销售率	5%	0.62%
营运资本	5%	0.24%
净利润	5%	3.98%
留存比例	5%	0.1%
市值	5%	3.39%
债务总额	5%	−3.23%
营业收入净额	5%	0.62%
流动资产合计	5%	0.48%
流动负债合计	5%	−1.1%
所得税	5%	0.15%
财务费用	5%	0%
长期负债合计	5%	−2.43%
市盈率	5%	3.37%

4.8　基于沃尔指数的保障活动信用能力评价

沃尔评分法是指将选定的财务比率用线性关系结合起来,并分别给定各自的分数比重,然后通过与标准比率进行比较,确定各项指标的得分及总体指标的累计分数,从而对航空备件保障活动的信用水平做出评价。

财务状况综合评价的先驱者之一——亚历山大·沃尔,在其出版的《信用晴雨表研究》和《财务报表比率分析》中提出了信用能力指数的概念,把若干个财务比率用线性关系结合起来,以此评价活动项目的信用水平。他选择了七种财务比率即流动比率、产权比率、固定资产比率、存货周转率、应收账款周转率、固定资产周转率和自有资金周转率,分别给定各指标在总评价中所占的比重,综合为 100 分。然后确定标准比率(以行业平均数为基础),将实际比率与标准比率相比,得出相对比率,将此相对比率与各指标比重相乘,得出总评分[83]。

沃尔的评分法从理论上讲有一个明显的问题,就是未能证明为什么要选择这 7 个指标,而不是更多或更少些,或者选择别的财务比率,以及未能证明每个指标所占比重的合理性。这个问题至今仍然没有从理论上得到解决。

沃尔评分法从技术上讲也有一个问题，就是某一个指标严重异常时，会对总评分产生不合逻辑的重大影响。这个毛病是由财务比率与其比重相"乘"引起的。财务比率提高一倍，评分增加100%；而缩小一倍，其评分只减少50%。

尽管沃尔的方法在理论上还有待证明，在技术上也不完善，但它还是会在实践中被应用。很多理论上相当完善的经济计量模型在实践中往往很难应用，而有些实际使用并行之有效的模型却又在理论上无法证明，这说明人类对经济变量之间数量关系的认识还有待进一步的完善。

4.8.1 沃尔信用能力分析模型

在分析系统中，沃尔指数计算的基本步骤包括：第一步，选择评价指标并分配指标权重；第二步，确定各项评价指标的标准比率；第三步，对各项评价指标计分并计算综合分数；第四步，形成评价结果。在分析系统中，沃尔指数的公式原理如下：

$$实际分数＝实际值÷标准值×权重 \tag{4.16}$$

当实际值＞标准值为理想时，此公式正确；

当实际值＜标准值为理想时，实际值越小得分应越高，用此公式计算的结果却恰恰相反；另外，当某一单项指标的实际值特别高时，会导致最后总分大幅度增加，掩盖情况不良的指标，从而给管理者造成一种假象。

在分析系统中，沃尔指数的详细计算公式为：

沃尔指数＝0.25×流动比率/标准比率＋0.25×净资产负债率/标准比率＋0.15×固定资产比率/标准比率＋0.1×存货周转率/标准比率＋0.1×应收账款周转率/标准比率＋0.1×固定资产周转率/标准比率＋0.05×主权资本周转率/标准比率

$$\tag{4.17}$$

其中：

流动比率＝流动资产合计/流动负债合计

净资产负债率＝净资产/负债

固定资产比率＝资产/固定资产

存货周转率＝销售成本/存货

应收账款周转率＝销售额/应收账款

固定资产周转率＝销售额/固定资产

主权资本周转率＝销售额/净资产

基于性能（PBL）的航空备件保障方法研究

各个指标各自的标准比率为：

流动比率：250%

净资产负债率：150%

资产/固定资产：250%

销售成本/存货：800%

销售收入/应收账款：600%

销售收入/固定资产：400%

销售收入/净资产：300%

当然，我们也可以根据不同的航空备件特点设定不同的标准值，不同的标准值对信用指数产生不同的影响，分析时可以用程序动态模拟[84]。

4.8.2 沃尔信用能力敏感性分析

沃尔信用能力敏感性分析是指分析某一指标不同的变化区间对保障信用等级和财务状况的影响程度。其中，

$$敏感系数＝目标值变动百分比／参量值变动百分比 \qquad (4.18)$$

在分析系统中，我们对基于 PBL 的航空备件保障活动进行保障活动的信用能力敏感性分析，设定 17 个分析指标：流动比率、净资产负债率、资产/固定资产、销售成本/存货、销售额/应收账款、销售额/固定资产、销售额/净资产、流动资产合计、负债合计、资产合计、营业成本、应收账款、营业收入净额、流动负债合计、长期负债合计、固定资产合计、存货净额，选择其中的 1 个指标进行敏感性分析，通过改变该指标的"变化率区间"（如：－30%～＋30%），设定其"变化步长"，得到一组随"指标变化率"的变动而变动的"沃尔指数变化率"数据，以"指标变化率"作为坐标的横轴，因该指标的变化所引起的"沃尔指数变化率"作为坐标的纵轴，这就构成了航空备件保障活动的沃尔信用能力敏感性分析图。我们通过这种动态模拟大致可以了解不同的分析指标对沃尔指数影响的重要程度，并可对其原因进行进一步分析[85]。

进行基于 PBL 的航空备件保障活动的沃尔信用能力敏感性分析，目的在于：找出影响沃尔指数变动率的各个敏感性指标；通过变动各个敏感性指标的变化区间及变化步长，来分析各个敏感性指标的变动对沃尔指数的影响程度；比较各个敏感性指标变动对沃尔指数变动的敏感性大小，确定不同敏感性指标对沃尔指数的敏感性程度的大小并进行排序；根据排序结果来分析敏感性程度不同的各个指标对沃尔指数产生的影响，及对原因做进一步分析。

在分析系统中,进行基于 PBL 的航空备件保障活动的沃尔信用能力敏感性分析,步骤为:第一步,确定分析的敏感性指标。评价沃尔信用能力敏感性的指标主要包括:流动比率、净资产负债率、资产/固定资产、销售成本/存货、销售额/应收账款、销售额/固定资产、销售额/净资产、流动资产合计、负债合计、资产合计、营业成本、应收账款、营业收入净额、流动负债合计、长期负债合计、固定资产合计、存货净额。第二步,选定"选择指标",并设定其"变化率区间"和"变化步长"。第三步,计算"指标变化率"的变动对"沃尔指数变动率"的影响程度,找出敏感性因素。第四步,绘制"敏感性分析图",求出"选择指标"中各个指标对沃尔指数产生怎样的影响。

4.8.3 实例分析

还是沿用"4.7.3 实例分析"中的结论,我们基于沃尔指数,继续评价航空备件保障活动的保障信用能力。将分析数据输入应用软件,得到沃尔信用能力指数为 8.614 3,风险提示为"投资风险高";设定指标初始值为"流动比率",变动百分比为 0.01%,计算沃尔信用能力,得到结论(图 4.50);计算指标值为"流动比率"的沃尔信用能力敏感性分析,得到结论(图 4.51);进行航空备件保障信用能力的因素分析,得到分析报告(表 4.19);继续应用该软件,进行指标评价,得到结论(图 4.52)。

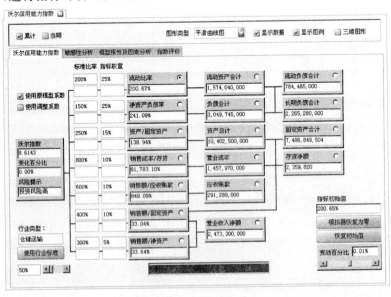

图 4.50 航空备件保障信用能力的累计沃尔指数计算

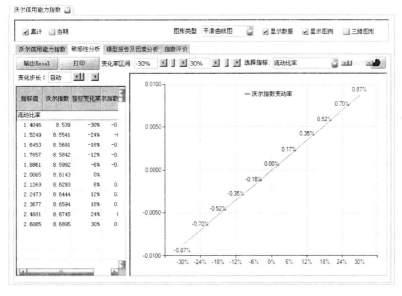

图 4.51 指标值为"流动比率"的航空备件保障信用能力敏感性分析

表 4.19 航空备件保障信用能力的因素分析报告

自变量因素	自变量变动率	因变量变动率
流动比率	5%	0.15%
净资产负债率	5%	0.23%
资产/固定资产	5%	0.05%
销售成本/存货	5%	4.48%
销售额/应收账款	5%	0.08%
销售额/固定资产	5%	0%
销售额/净资产	5%	0%
流动资产合计	5%	0.15%
负债合计	5%	−0.31%
资产总计	5%	0.37%
营业成本	5%	4.48%
应收账款	5%	−0.08%
营业收入净额	5%	0.09%
流动负债合计	5%	−0.22%
长期负债合计	5%	−0.24%
固定资产合计	5%	−0.05%
存货净额	5%	−4.27%

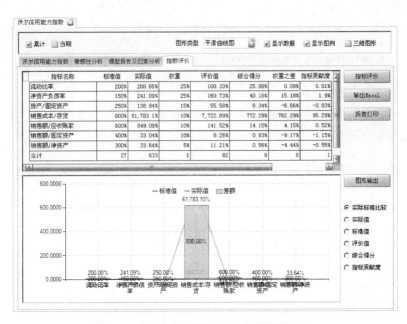

图 4.52　航空备件保障信用能力的指标评价结论

通过上述计算,得到该基于 PBL 的航空备件保障信用能力的评价值为"82"。

4.9　基于拉巴波特模型的保障价值评估

20 世纪 80 年代,美国西北大学经济学教授阿尔弗雷德·拉巴波特(Alfred Rappaport),在他的著作 *Creating Shareholder Value* 和多篇论文中利用现金流量贴现的方法建立了项目价值评估的一套理论,被称为"拉巴波特模型"。该模型把项目的评估价值分为预测期内现金流量的现值、残值折算以后的现值和有价证券价值三部分,价值评估的过程就是分别计算三部分价值的过程[86]。在对基于 PBL 的航空备件保障价值的评估活动中,具体的评估步骤为:

第一步,未来期现金流量的估算。现金流量贴现法是实施保障活动中最常使用的保障活动价值评估方法。它是根据保障活动实施后 5~10 年内的现金净流量,使用一定的贴现率(一般为资本成本率),将贴现后的数额作为航空备件保障活动价值评估值的方法。

$$NCF_t = S_{t-1}(1+g_t)m_t(1-T) - (S_t - S_{t-1})(f_t + v_t) \qquad (4.19)$$

NCF_t——预测年度 t 年的现金流量；

S——销售收入；

g——销售增长率；

m——销售利润率；

T——航空公司所得税率；

f_t——第 t 年单位销售收入的固定资产追加投资比例；

v_t——第 t 年单位销售收入的流动资本追加投资比例。

第二步，确定预测期的长短。为了编制现金流量表，就需要确定预测期的时间长度，根据拉巴波特的研究结果，预测期限一般在 5～10 年之间。

第三步，计算增量临界利润率。根据拉巴波特模型原理，对现金流量的预测期限应只限于：所期望的追加投资报酬率超过最低可接受的报酬率。超过了这一期限，现金流量对航空备件保障价值的影响就不明显了。这个能够使航空公司保持获得最低可接受报酬率、最低增量的税前利润率就称为增量临界利润率，简称 ITM，用公式表示为：

$$ITM = \frac{(f+v) \cdot i_c}{(1-T)(1+i_c)} \tag{4.20}$$

式中：i_c——航空公司最低可接受报酬率，应等于加权资本成本，其他字母含义同前。临界利润率公式的推导是基于盈亏平衡原理进行的，这一分析方法对基于 PBL 的航空备件保障价值评估是同样有效的方法。

第四步，计算加权平均资本成本。资本成本是指航空公司使用资本必须支付的各种费用，包括筹资费用和用资费用，资本成本一般用"资本成本率"表示。航空公司的资本金分为借入资本（负债）和自有资本（股东权益）两部分。借入资本的来源包括借款和发行债券等；自有资本的来源包括发行优先股、发行普通股以及留存收益等。在基于 PBL 的航空备件保障价值评估中，资本成本一般使用 CAPM 公式计算。使用债券或银行的利率作为无风险利率，分别计算负债和权益资本的资本成本，然后再计算加权资本成本作为基于 PBL 的航空备件保障价值估算的贴现率。

第五步，计算残值、有价证券价值，并确定基于 PBL 的航空备件保障价格。估价时首先对预测的现金净流量进行贴现，然后预计残值，进行折算后再贴现到并购年。这一阶段应重视对残值的确定。残值是保障价值评估时，预测期以后期限内的现金流量。这部分价值是基于 PBL 的航空备件保障整体价值的有机组成部分，以持续保障的现金来衡量民机备件保障的残值,可采用永续年金法,先求出从预测期后一年开始至保障活动终止时的现值,在保障期限无限时即为永续年金问题。残值的计算公式为:

$$W = \frac{EBIT_m(1-T)}{i_c \cdot (1+i_c)^m}$$

(4.21)

式中:$EBIT_m$——第 m 年的息税前利润;

i_c——加权平均资本成本;

m——现金净流量的预测期[87]。

如果航空公司拥有有价证券,还要根据市价计算有价证券的价值。完成对基于 PBL 的航空备件保障价值评估以后,还要计算最高现金支付价格、未使用负债能力等。

实例分析

仍然继续沿用"4.8.3 实例分析"中的结论,我们应用拉巴波特模型,评估航空备件保障活动的保障价值。将分析数据输入应用软件,得到拉巴波特价值评估模型(图 4.53),经软件计算,在营业收入利润率递减率为—1%的情况下,得到基于 PBL 的航空备件保障的拉巴波特价值的初始值为173 926 391 363 元,10 年后,保障价值的预测值为 14 779 778 993 748 元,变化率为 8 397.72%。最后计算输出基于 PBL 的航空备件保障拉巴波特价值分析报告(表 4.20)。

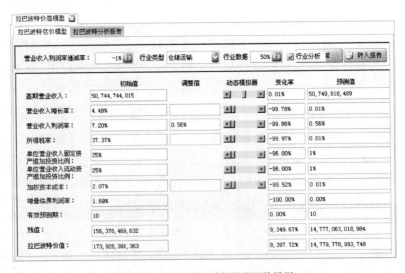

图 4.53　航空备件保障的价值评估模型

表 4. 20　航空备件保障的价值分析报告

基本指标	初始值	调整值	变化率	预测值
基期营业收入	50 744 744 015		0.01%	50 749 818 489
营业收入增长率	4.48%		−99.78%	0.01%
营业收入利润率	7.20%	0.56%	−99.86%	0.56%
所得税率	37.37%		−99.97%	0.01%
单位营业收入固定资产追加投资比例	25%		−96.00%	1%
单位营业收入流动资产追加投资比例	25%		−96.00%	1%
加权资本成本	2.07%		−99.52%	0.01%
增量临界利润率	1.69%		−100.00%	0.00%
有效预测期	10		0.00%	10
残值	156 376 469 632		9 349.67%	14 777 063 018 984
拉巴波特价值	173 926 391 363		8 397.72%	14 779 778 993 748

4.10　本章小结

　　本章是对基于 PBL 的航空备件保障的经济性进行分析。在这一章里，我们以已经上市的某航空公司对某个型号飞机的 PBL 备件保障活动进行财务数据分析，选择的报表日期区间为 2000-06-30—2012-12-31，报表维护日期为 2012-12-31，根据已有的"资产负债表"、"损益表"、"现金流量表"等财务报表，应用财务分析软件稽核该财务报表，根据稽核报告，合成现金流量表，生成结构财务报表，分析保障费用的盈亏要素敏感性、基于范霍恩模型的保障活动可持续性、保障活动的经济增加值、自由现金流量、基于 K-S 模型和边际模型的盈余状况；并用阿塔曼模型评价保障活动的成功与否，用沃尔指数评价保障信用能力，通过计算，得到该实例基于 PBL 的航空备件保障信用能力的评价值为"82"。最后用拉巴波特模型评估保障价值，经软件计算，在营业收入利润率递减率为"−1%"的情况下，得到基于 PBL 的航空备件保障的拉巴波特价值的初始值为 173 926 391 363 元，10 年后，保障价值的预测值为14 779 778 993 748 元，变化率为 8 397.72%。

5 基于 PBL 的 ARJ21 初始性备件保障策略

本章论述了基于 PBL 的 ARJ21 飞机初始备件清单产生的前提条件、要求、生成流程和初始备件推荐量计算方法,以及备件分类、输出清单格式、计算步骤和业务流程等。本章所述内容适用于制造商为航空公司生成 ARJ21 飞机初始备件清单。根据航空公司要求,为了保障航空公司在一年或一年半的时间里使新飞机能够正常运营,制造商应提供初始备件清单,航空公司以初始备件清单为参考,自主决定采购初始备件的种类和推荐量,并按照规定的流程,完成订购任务[88]。

5.1 备件分类

5.1.1 引用文件

(1)《ATA Spec 100》

(2)《ATA Spec 2000》

(3)《ATA iSpec 2200》

(4)《民用航空器运行适航管理规定》

(5)《CCAR25 运输类飞机适航标准》

(6)《CCAR21 民用航空产品和零部件合格审定规定》

(7)《CCAR121AA 民用航空器运行适航管理规定》

(8)《民用航空产品和零部件适航证件的颁发和管理程序》

(9)《民用航空器维修单位合格审定规定》

(10)《中华人民共和国民用航空器适航管理条例》

5.1.2 主要术语

支援码:备件支援管理中将备件按控制管理方式分为初始备件、库存管理备件、订单管理备件以及不列入备件等几类,并标注相应的代码[89]。

周转件:根据备件分类码(SPC)将 SPC=2 的备件称为周转件,一般指高价值可修理,且修理后可以多次重复使用的备件,主要是指修理次数不受限制的复杂部件,一般无报废率,它的需求量取决于拆换率及修理周期。

可修件:根据备件分类码(SPC)将 SPC=6 的备件称为可修件,主要是指那些能从技术上可将功能恢复到可用状态的部件,根据故障原因和部件损耗情况而确定视情修理或一次性修理,此类备件价格较高。

消耗件:根据备件分类码(SPC)将 SPC=1 的备件称为消耗件,消耗件也叫不可修件,主要是非循环件,具有"使用—报废"这样的特点,不可修复或虽然可以修复但修理费用相对备件价格较高的备件为消耗件。

MTBR:即平均更换间隔,也就是平均发生故障需要更换的平均时间,这是一个可靠性参数。

保障率:主要是指发生飞机故障时,库存备件可以更换的次数同故障时需求备件次数之比。

首翻期:主要是指初次进行翻修的时间,这是一个平均值。

翻修间隔期限:指后续翻修的平均时间[90]。

5.1.3 备件分类原则及分类

首先考虑备件本身的特性,要考察备件是否是循环使用的,是"使用—修理—使用",还是具有"使用—报废"这样的特性,而且还要研究备件的失效特征以及失效模式等。其次,经济特性也是必须要考虑的因素,飞机制造公司或企业要根据自身的管理方式和经济性对备件进行分类。在民航系统中备件被分为 P 类、S 类等 12 种,所遵循的原则可以是 MTBR 与年飞行小时的关系、MMEL 中的规定、MRBR 中的规定以及国外的一些经验等,其中部分备件需要初始备件,其他只要提供后续备件或进行 AOG 定货或紧急定货就可以,备件支援码为 S、G、E、R、N 的备件均属需要纳入库存的范畴。

确定备初始件的一个重要指标就是 MTBR,只要 MTBR 小于或等于年飞行小时,那么就需要备件,工作时间等于 MTBR 时,理论上即为产品的第一次故障时间,这时产品不发生故障的概率约为 0.368,可以将此概率作为备件的控制概率,只要控制概率小于或等于该值就说明需要备件。如果考虑备件的重要程度,只要该备件很重要,就可以减小控制概率值。由于备件计划是针对整个机队的,因此年飞行小时应该是整个机队的年飞行小时,而不是单机年飞行小时。当然,由于飞机上安装的备件数量可能不止一个,所以年飞行小时还应该乘上单机安装数。也就是说实际的年飞行小时应该是机队计划的年飞行小时乘以单机安装数。本书采用目前比较通用的做法，根据备件的经济和使用方面的特点分为周转件、可修件和消耗件。

周转件（A 类）：周转件一般指高价值可修理，且修理后可以多次重复使用，修理次数不受限制的复杂的部件，一般无报废率，它的需求量取决于拆换率及修理周期。周转件具有很长的使用寿命，可以重复进行翻修。周转件在航材供应管理中占有很大的比重，对于高价周转件一般要求较高的保障率，周转件中许多项目通常都需要较长的提前订货期。其特点为价格昂贵，采购周期比较长，缺件后果严重，这类备件一般只占库存总备件数的 5%～15%，而其价值却占总投资的 70%～80%。周转件主要是进行单件订购。

可修件（B 类）：可修件是指那些能从技术上可以将功能恢复到可用状态的部件，根据故障原因和部件损耗情况而确定视情修理，此类备件价格较高。计算其初始备件推荐量时相应的航材保障率比周转件相对要低一些，因而有寿命要求的可修件在故障后可以修复并重新使用，但是其修复的次数将受到寿命的限制，当使用的时间达到其寿命要求时，就不再修复使用，通常采取的做法就是报废。

消耗件（C 类）：不可修复和虽然可以修复但修理费用相对备件价格较高的备件为不可修件。消耗件具有使用到出现故障为止、占有的资金少、使用量比较大等特点。消耗件占库存的 60%～65%，金额只占总价值的 5%～10%，因而对消耗件采取粗放式管理。可修件和消耗件的划分标准，主要由航空公司确定，也可以借鉴各航空公司的管理经验及综合各种因素来考虑，下面提供一个确定可修件的参考标准：该部件可修理或多次翻修；价格高于 1 000 元（人民币）；修理费用低于单价的 70%。由于飞机备件的消耗呈现出较大的不均匀性，因而不适宜采用按期补充的方法，而应采用按批次采购的方法来维持库存量[91]。

5.2　初始备件界定

初始航空备件按支援码分为 P 类、S 类等 12 种[92]。具体包括：

A 类：可以与 X 类备件互换的件；

E 类：多属一些飞机内部的备件，带颜色储存，交付时须按规定喷涂相应颜色，只要颜色符合用户需求就可交付；

G 类:价格昂贵,并且制造和修理非常复杂的大部件;

K 类:属于用户定购的备件。从理论分析和逻辑推断,认为属于不需要的备件。但由于用户维护使用的千差万别,地理环境的差异以及其他各种原因,经常会出现少数用户要求订购的情况;

L 类:不需要存进备件库(但可以属于备件),此类备件一般很少有需求,而且需求不紧急,不会形成 AOG,正常订货周期能满足需要;

N 类:属于标准件,价格低,种类和数量很大,所占费用很少,通用性强,并且采购渠道多;

P 类:第一个飞行年度需要的初始供应备件;

R 类:不带颜色存储的备件,多属于飞机外表面的备件;

S 类:需要存进备件库的备件,一般难以在短期内采购到,或需要提前预定的备件;

T 类:专用备件,按"专用备件制造规范"制造,一般是一次性使用件,需要时进行设计、制造和供货;

X 类:不可分解件,一般在飞机的使用寿命周期内不需更换;

Z 类:是装配图号或安装图号,不是一个实在的备件。

根据各备件支援码含义,确定航空备件的流程见图 5.1。其中,全机零件包含:标准件、机体结构件、机载设备备件、修理专用件、用户需求件、安装图等。判断步骤为:

第一步,根据设计图纸和装配关系,对应某维修级别(如航线维修等),找出飞机上可拆卸的系统件、结构件、标准件、化工品、组件中的所有可拆至下一级的组件,直至拆至基本零件(End Item)。

第二步,针对每一个零(部)件的需求特性,结合设计人员(或供应商)的经验确定备件支援码。

第三步,由备件支援码来确定备件项目,将 P 类、S 类、G 类、E 类、R 类、N 类、L 类、K 类、T 类作为备件项目。

第四步,在上述步骤的基础上,根据不同数据来源,进一步确定由设计人员、供应商以及备件服务人员提供的备件其他参数,如系统件、结构件的参数。

根据备件的支援码,由备件流程图可知:

X、A、Z 类:通常不需要备件;

S、G、E、R 类:是需要进备件库的备件;

K、L、T 类:根据需要按订单处理的备件。

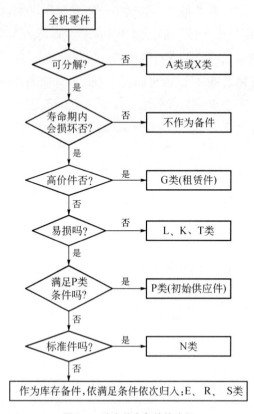

图 5.1　确定航空备件的流程

上述根据备件支援码,确定备件项目的方法只能作为一个参考,具体情况用户应考虑所处的地理位置、飞机的使用强度等运营数据灵活使用;另外,通过大量实践数据总结出来的上述方法易于工程操作,对于 ARJ21 支线飞机来说,可以作为参考的依据[93]。

根据统计资料每架飞机大概有 20 多万个零件,其中需要进行初期供货(P 类)的备件约 1.8 万个,需要库存的备件约有 4.3 万个,其他按订单处理。其中初始备件的确定是个非常重要的内容,这将影响飞机初期的效益和安全,下面说明初始备件(P 类)的确定方法。

5.2.1　按统计的 MTBR 计算

MTBR 可以从设计资料中获得,也可以从过去若干年的统计资料中获得。统计时应剔除掉那些代表备件极端情况下所需的备件信息(战争、暴

基于性能（ＰＢＬ）的航空备件保障方法研究

力、人为故障等),力求使 MTBR 能代表备件的真实可靠性水平。采用准则为:MTBR≤年飞行小时,列入 P 类;MTBR≥年飞行小时,不列入 P 类[94]。

5.2.2 按维修计划文件确定

飞机维修计划(MPD)是经过适航当局批准的预定维修文件,用户必须按其规定的维修间隔和要求安排维修,从 MPD 就可以知道预定维修备件的需求。对于在一年之内或一年左右需要的备件应列入 P 类。

5.2.3 按重要性分类分析

若设备发生故障后,飞机必须停飞排故("NO GO"项目),且从理论分析和经验都知道在今后的两三年内会用到的备件,则列入 P 类。若设备发生故障后,飞机仍可在一定的限制条件下继续飞行("GO IF"项目),且其修复期限为 A、B 类或 C 类(离备件中心较远者),在今后两三年内会有备件消耗,则此类件一般也宜列入 P 类(飞机主最低设备清单 MMEL 中规定,修复期限为 A 类的项目允许飞机带故障飞行一天,B 类允许带故障飞行 3 天,C 类允许带故障飞行 10 天,D 类允许带故障飞行 3 个月),即包括以下三项:"NO GO"项目;"GO IF"项目中的 A 类和 B 类;"GO IF"项目中的 C 类。

5.3 影响航空备件初始计划的因素

根据航空公司多年的初始备件订货经验,结合机务维修的实际情况,初始航空备件计划的影响因素主要来自:备件的技术特性;航空公司的运营条件。

5.3.1 备件的技术特性

这一特性是影响备件计划的根本因素,对飞机的安全性和可靠性影响很大。飞机的某些零(部)件一旦发生故障(如应急电源、刹车机轮等故障),飞机必须立即停飞,排除故障,飞机对这类备件依赖性很强,就这类备件而言,保障率必须达到较高水平。相反,有些备件对飞机的安全性和可靠性影响不大,如高频通信电台等高可靠性的电子产品,其本身故障率很低,而且飞机上一般都安装多部电台,裕度较大,一部电台发生故障,一般不会直接导致飞机停飞,所以这类产品发生故障后,用户可以有一个调配周期。备件

本身的技术特性对飞机的安全性和可靠性的影响程度,是决定其是否作为备件的一个重要因素。具体如下:

(1) 可更换性。备件可更换性与备件可更换的最小单位有关,也取决于航空公司的维修能力,航空公司确定初始备件种类时,需要对自身维修级别做出恰当评价[95]。

(2) 重要性。备件重要性是备件管理者需要考虑的重要因素,备件重要度与备件发生故障后无可用替代件的后果有关,关键备件短缺造成的后果可能是其自身经济价值的数百倍,所以又称为过程重要度。对于航空备件,该指标反映了机队保障的重要性综合评定结果,即该件发生故障后是否影响飞机的飞行。根据 RSPL 中的规定,关键性(ESS)参数分为 1、2、3 三个等级,分别表示:该件发生故障后不可放飞项目(NO GO)、有条件放飞项目(GO IF)、可放飞项目(GO)。NO GO 项目对应的备件会优先购买;GO IF项目,如果在 MMEL 中有规定的修复期限,且为 A、B、C 类(分别规定该项目损坏后立即修理、3 日内修理、10 日内修理)一般也会购买;GO 项目,即故障发生后可以放飞的,可以少备或不备[96]。

(3) 可靠性。在正常使用和维护条件下,RSPL 中的平均拆换间隔时间(MTBR)、平均非计划拆换时间(MTBUR)会根据航空公司的实际运营数据不断修正,它客观反映备件的可靠性水平、平均装机可用时间。备件的固有可靠性、航空公司的维护/保养和使用操作水平、温度、湿度、日照、风沙、尘土、烟雾、辐射以及大气污染等是影响该指标的重要因素[97]。例如某航空公司的波音 757-200 机队频繁出现 ACM 叶片被打坏的情况,导致该件非计划性拆换,当时根据波音公司 FRACAS(Failure Reporting、Analysis and Corrective Action System,故障报告、分析及纠正措施)报告,从世界范围内看,机队 ACM 的平均故障间隔为 12 000 飞行小时,而该航空公司仅为6 000 飞行小时,通过分析 ACM 的厂家修理报告,发现 ACM 发生故障的主要原因是冰块击伤了它的涡轮叶片,而产生冰块的原因是再加热器和低限活门的防冰性能下降,导致下降的原因是机场所处环境清洁度较差,空调系统再加热器、水分离器喷嘴、低限活门等性能衰减过快。由于可修件存在报废问题,所以还要考虑报废率(SR)指标。

(4) 可获取性。供应商和承修商的分布情况、备件交货提前期(LT)、航空公司管理时间(AT)等是影响备件获取的主要因素,对于可修件,其供应渠道有采购、修复返回两种,因此,平均修理时间(MSPT)和修理周转时间

基于性能(PBL)的航空备件保障方法研究

(RTAT)也会影响获取难度。对于某些易于采购和维修的备件,由于获取容易,所以可以减少备件数量[98]。

（5）备件经济性。备件经济性主要是指购买、运输、储存该备件所需的成本总和,成本越高,初始订货决策越要慎重。

以上因素中,重要性及可靠性体现的是备件的设计特征;可获取性是从时间特征来考虑的;备件成本是必须考虑的经济因素。

5.3.2 航空公司的运营条件

与航空公司运营相关的所有因素都会直接或间接影响初始备件计划,主要影响因素如下:

（1）备件资金。航空公司根据财务状况,考虑允许的初始备件采购资金。一般在制定初始备件计划之初,航材部门向财务部门递交资金申请报告,经财务部门审批后航材部门执行采购。

（2）现有库存备件的通用性。航空公司的初始订货是指引进新飞机时的备件订货,不代表航空公司一定没有类似机型的原有备件库存。例如订购 B737NG 的备件可以结合原有 B737-300/700 的库存,如果有通用件,可按统一机队进行管理[99]。

（3）备件供应方式。供应方式决定了采购方式,将目前工业行业中普遍采用的准时制、寄售等供应方式应用于备件采购,可以大大降低采购量,有时也可以实现零库存。

（4）飞机航线特征。飞国际航线的飞机,备件保障要求相对较高,因为一旦缺件,飞机停飞时间长、影响大、调配困难;如果飞地方航线,相对较好,有时还可以向有同样机型的其他航空公司借件,解决 AOG 的问题。

5.4 初始备件清单要求

5.4.1 备件参数

在备件保障服务中,制造商会提供给用户各种推荐清单,主要是初始备件推荐清单和持续备件推荐清单,其中包含备件的多种参数。一般按照相互签订的协议,根据 ATA Spec 2000 规范,由用户选择,初始备件推荐清单与持续备件推荐清单并无大的差别[100]。

还有一些需要航空公司在运营过程中提供反馈数据的参数,根据适航指令和服务通告以及各种经济因素对中心数据库中的数据进行不断的修正,以提高备件储备的经济性、可靠性,来指导、改进设计工作。这些参数包括:平均更换间隔、报废率、修理周期、航线维护百分比、支援码、阶段供应码、出口要求、提前订货周期、单价、数位、价格期、币种、价类、通用性说明以及其他说明等。

5.4.2 清单说明

在向用户提供初始备件清单的同时,为了方便用户的使用,一般还会提供一份清单说明文档,主要是用以说明初始备件推荐量的前提条件,以及所提供的参数及其说明。该清单说明的主要内容有:前言、客户信息、初始备件清单格式[101]。

前言说明了该初始备件清单适用于航空公司的飞机架数、备件的有效号、互换性信息等。航空公司将会得到一份完整的初始备件推荐清单(包括纸质和电子版本两种),之后以 60 天为一个周期提供修订版本。

客户信息如下:机队规模、每机年平均飞行小时、航线返回基地时间、消耗供应期、保障率(α)、根据 ESS 参数选择最低年度需求(MAD)、维修代码或提供维修周转周期。

初始备件清单格式是对初始备件清单表头部分的释义、备件参数名称英文缩写,以及各个参数取值范围和具体意义。表5.1是推荐清单中参数说明示意图。

表 5.1　备件输出参数格式要求

备件参数名称		参数类型	备注
中文	英文	长度	
件号	PNR	15(字符)	*
超长件号	OVERLENGTHPARTNO	25(字符)	供应商部件可能有
ATA 编号	ATA	13(字符)	*
有效性	EFFY	6(数字)	飞机或发动机的有效号,应为客户化的
供应商代码	MFR	5(字符)	*
名称/关键词	KWD	16(字符)	*
系列通用性	CI	1(数字)	
单价	UNITPRICE	12(数字)	*

备件参数名称		参数类型	备注
中文	英文	长度	
价类	PRICETYPE	1(数字)	*
价格期	PRICEEXPIRE	12(数字)	*
重要性	ESS	1(数字)	
阶段供应码	PP	1(数字)	
备件类型	SPC	1(数字)	*
修理码	SHCD	2(数字)	*
大修或一般修理代码	MOR	1(数字)	
平均更换间隔	MTBR	7(数字)	*
时间单位	T/C	1(数字)	*
装机件数	QPA	2(数字)	*
选装件/基本件	BFE/SPE	1(字母)	*
推荐数量	RECQTY		
修理周期	RTAT	2(数字)	
航线维护百分比	M%	2(数字)	
快速换发件	QEC	1(字母)	
静电敏感	ESD	1(字母)	
危害	HM	1(数字)	
互换性	INTERCHANGEGEARILITY	1(数字)	可有多项
可互换件号	ALTERNATERPARTNO	15(字符)	
提前订货周期	LEADTIME	3(数字)	*
RSPL 必选件	MMI		

5.4.3 清单输出格式

根据上述计算后得出的备件推荐种类和数量、用户的要求,将备件其他相关参数从数据库中导出,同时也将推荐的备件数量提供给用户,最后向用户提交初始备件清单和后续备件清单。其中需要向用户提交的参数主要见表 5.1。

5.4.4 初始备件清单形式与内容

飞机制造商提供的初始备件推荐清单是备件保障工作的重要内容之一,是备件计划的最终表现形式,同时也是航空公司进行备件采购和储备的重要依据。核心是飞机制造公司根据用户的航线结构、飞机利用率、维修方针等，结合飞机制造公司的备件计划及客户备件要求得出的备件需求预测模型。应能够向用户提供以下信息：推荐的备件项目；推荐的备件数量和成本；每年的平均需求量；不同备件数量的保持水平以及用户要求的备件参数。

初始备件清单应充分反映初始备件计划要求，其内容应包括初始备件项目的确定；初始备件推荐数量的计算；初始备件技术参数的提供。其中初始备件项目和推荐数量的确定由备件计划管理部门完成，并按照飞机交付状态与用户一起确定有关备件参数要求，向航空公司提供客户化的初始备件清单。

发动机和主要机载设备供应商应制订各自的初期备件清单并交飞机制造商汇编，在初始备件会议（飞机交付前 18 个月）前完成。在首架飞机交付6 个月之前，用户在征得飞机制造商备件保障部门和其他供应商同意后，可在有限的范围内对"清单"提出修改意见[102]。分别用黄色和蓝色来表示参数的中英文名称，置于清单的上方。

初始备件推荐清单以 Excel 的形式表提供给航空公司，并附以说明文档。在说明文档中包含以下内容：清单生成条件；使用清单说明；对技术参数的简要说明等。

5.5　初始备件清单生成条件与流程

5.5.1　数据准备

备件基本参数信息主要包括备件支援码（SUPPORT CODE）、装机件数（QPA）、平均更换间隔（MTBR）、重要性（ESS）、备件修理码（SHCD）以及备件类型（SPC）等。这些参数将直接从备件数据库中读出并且参与计算。

5.5.2　用户资料

根据航空公司在购机时提供的客户化信息，可以根据备件类型和重要性确定不同的保障率值，也可以直接根据备件类型赋予不同的保障率，具体如下：

（1）根据航空公司提供的平均修理时间（RTAT），按备件类型和重要性确定保障率。

（2）按备件类型确定保障率。

（3）在计算备件推荐量时，可以根据航空公司提供的对应于不同修理代码(SHCD)的备件维修时间,计算平均修理周期(RTAT)。

说明:在第一种情况下,航空公司提供的信息包括:机队规模(AN),每机年平均飞行小时(MFH),最低年需求(MAD),平均修理时间(RTAT),保障率(α);在第二种情况下,航空公司提供的信息包括:机队规模(AN),每机年平均飞行小时(MFH),最低年需求(MAD),航线返回基地时间,18 组 Major RTAT 和 Minor RTAT 值,保障率(α)。

5.5.3 交互过程

为了保证飞行签派率,备件库存一般要早于飞机运营之前,由于一些长订货周期的影响,需要足够的初始备件库存和一些主要航线更换件、标准件、包装和原材料、过滤器等。

由于长供货周期原因,航空公司应该尽早开始订购所需的备件。通常制造商向航空公司交付新飞机之前,会就初始备件清单同航空公司进行多轮讨论。波音公司向某航空公司提供 B737-700/800 飞机时,同航空公司进行了多次讨论,在飞机交付前 10 个月内,向航空公司提供推荐备件清单。

5.5.4 生成流程

初始备件清单生成流程见图 5.2,备件的基本信息从数据库中直接得到,初始推荐量是通过初始备件预测模型计算得出,然后同发动机及机载设备供应商提供的初始备件清单进行整合,得出完整的初始备件清单。

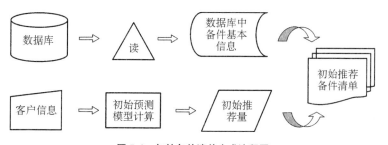

图5.2 初始备件清单生成流程图

针对 ARJ21 飞机初始备件清单数据,首先计算出所需备件的推荐数量,然后生成初始备件清单(图 5.3)。

	A	B	C	D	E	F	G	H	I	J	K
1	件号	超长件号	ATA编号	关键词	供应商代码	有效性	互换性	可互换件号	重要性	时间单位	平均更换间隔
2	PHR	OVERLENGTH PART NO	ATA	KWD	MFR	EFFY	INTERCHANGEABILITY	ALTERNATER PART NO	ESS	T/C	MTBR
3	000100-0113		27517901 004K	CONN	05574				1		600000
4	00033032-55		33491101 035	HOUSING	58376				6		20000
5	00033032-56		33491101 040	HOUSING	58376				6		20000
6	001-1908-000		2450072 140	BARRIER	58657				1		400000
7	0016-0015-5		38113101A145	CAP AY	86831				2		100000
8	0016J0005-12A60		38113101 110	CAP AY	86831				1		80000
9	0017-0004		38323101 035	CAP	86831				6		588200
10	0041-1092BAC		35120001A435	ORING	02697				1		200000
11	0091520200-2		29091101 040K	VALVE AY	83533				2		222200
12	0091520200-3		29091101 040P	VALVE AY	83533				2		222200
13	01-0770544-00		23430001F015L	HORN	10402				1		53600
14	01-0770666-00		26150005 006	HORN	10402				1		50000
15	01-820-10E003		27629401A245	ROD END	09455				1		100000
16	01-824-04E018		57530019 205K	BEARING	09455				1		250000
17	014567S7-20D		29150801 040	DUST CAP	00624				1		50000
18	0155-264		52510001 015	SCOPE	26021				1		500000
19	015503S7-12D		29150801 035	DUST CAP	00624				1		51000
20	019803-001		27410039C425K	GUARD	28277				1		125000
21	0202-861-000		33260001E115	SPACER	U0859				1		358000
22	024807-002		27119401 060L	SWITCH	28277				6		100000
23	0335205120		49910001B080J	HOUSING	0LYZ0				6		333300
24	0335205160		49210001B130L	SHAFT	0LYZ0				6		30300

图 5.3　初始备件清单样例

5.6　初始备件的价值工程算法

初始航空备件采购是引进新机型、保障飞机运营的基础备件,其订购量随航空公司的资金、机队、有无备件保障库、备件管理水平等条件的不同而不同。据统计,初始备件计划占用的资金一般占总库存资金的 60%～70%[103]。由于初始备件费用很高,如果计划不周、处理不当,将给航空公司带来巨大的经济负担。为使有限采购资金发挥最大效益,初始备件计划应在保障维修所需的备件前提下,尽量减少库存备件品种及库存数量。目标是在众多的备件中找到对提高维修管理工作的绩效起关键作用的备件,提高管理活动效率及针对性,最大限度地发挥备件保障作用[104]。

确定初始备件的方法有 FMEA 法,该方法主要是考虑影响备件功能的可靠性因素;改进的备件配置优化方法则主要是考虑高价备件的重要性及成本因素,孙立军等运用价值工程分析得到雷达备件订购优先级,但未考虑保障率因素,也没具体确定各类备件的订购数量[105]。

本书在此以飞机制造商提供的备件 RSPL 清单为主要依据,同时参考MMEL、实际运营可靠性数据、历年维修经验等,基于价值工程理论,制定初始航空备件计划,确定出初始备件的订货种类和各类备件的订货数量。

价值工程是 20 世纪 40 年代源于美国的新兴管理技术,是降低成本、提高经济效益的有效方法之一,其创始人 L D Miles 将该方法的思想和应用推广到其他领域[106]。价值工程理论是以产品的功能和寿命周期费用为研究对象,综合考虑各个方面因素,用较低的总成本实现既定功能,求得较佳技术经济效益,价值系数表示为:

$$V=F/C \tag{5.1}$$

其中:F——功能价值;

C——获取该功能所付出的成本。

5.6.1 确定初始备件计划范围

有条件的航空公司为压缩库存资金,将这几类备件不列入初始备件订货范围:与供应商已签订备件寄售协议的,如化工品、轮胎等;可以租赁的备件,如方向舵、舱门等。

另外,航空公司根据自身的维修能力,结合 RSPL 中的大修、一般维修代码(MOR)、航线维护百分比(M%)参数等判断一个零部件是否可以直接从飞机上拆卸还是仅仅能在大修中拆卸,以此确定该类备件是否应该列入初始备件订货范围。对于维护件(MOR=1),可以直接从飞机上拆卸和更换;大修件(MOR=3)的更换必须是在将上级组合件(NHA)拆下的前提下才能进行,并且必须使用大修设备才能对该部件进行拆卸或更换;保险件(MOR=4)一般由生产商以租赁方式满足用户需求;MOR=6 的备件表示航线维护与大修并存的零部件,该部件可直接在飞机上拆卸,在某些情况下也许需要在大修车间才能完成拆卸,这类备件在 RSPL 清单中都会给出它的 M%参数。

5.6.2 确定初始备件功能系数

(1) 备件功能系数的影响指标。按备件类型代码(SPC),备件分为消耗件(SPC=1)及可修件(SPC=2 或 6)两大类,根据前面所述的初始备件计划的影响因素,备件功能系数的影响指标和指标数据来源,见表 5.2。

表 5.2　备件功能系数的主要影响指标和数据来源

指标名称	指标数据来源	适用范围
重要性 x_1	RSPL 清单的 ESS 数据、MMEL 中的放行差异码(MMC)	适用于消耗件和可修件
可靠性 x_2	运营可靠性数据、RSPL 清单的 MTBR/MTBUR 数据	适用于消耗件和可修件
	RSPL 清单的 SR 数据、实际统计的 SR 数据	适用于 SPC 为 6 的可修件
购买周期 x_3	RSPL 清单的 LT 数据、航空公司管理时间(AT)	适用于消耗件和可修件
修理周期 x_4	RSPL 清单的 RTAT/MSPT 数据	适用于可修件

（2）规范化处理指标数据

为消除不同量纲的指标值对备件功能系数的影响,需要对初始值进行预处理。

x_1, x_3, x_4——成本型指标;

x_2——效益型指标。

决策时分别按公式(5.2)、(5.3)规范化处理指标值。

$$x_i^{norm} = \min(x_i)/x_i \tag{5.2}$$

$$x_i^{norm} = x_i/\max(x_i) \tag{5.3}$$

（3）指标的权重值

权重反映各指标的重要程度,近年来,提出的确定权重的主要方法有:熵权法、投影寻踪法为代表的显式客观赋权法;以人工神经网络为代表的隐式客观赋权法;以层次分析法为代表的主观赋权法等等。这里,是由航空公司的质控、维修、航材等部门的相关工作人员根据自身经验,采用主观赋权法确定各种备件功能系数权重,该方法简单、易于操作,可量化定性评价。

（4）确定备件功能系数

$$F_k = \frac{\boldsymbol{W} \cdot \boldsymbol{X}_k^{\mathrm{T}}}{\sum_{k=1}^{K} (\boldsymbol{W} \cdot \boldsymbol{X}_k^{\mathrm{T}})} \tag{5.4}$$

其中:$\boldsymbol{W}$——各个功能指标的权重向量;

$\boldsymbol{X}_k^{\mathrm{T}}$——第 k 个备件规范化指标数据向量的转置;

K——备件序号,总共有 K 类备件。

5.6.3 确定初始备件价值系数

由于备件成本的影响因素众多,初始备件订货时,航空公司更看重备件本身的价格,而且相比其他成本,如购买成本,即备件本身价格为备件成本的重要组成部分,可用 RSPL 清单中的备件价格近似代表备件成本。因此,备件成本系数表示为:

$$C_k = \frac{P_k}{\sum_{k=1}^{K} P_k} \tag{5.5}$$

其中:P_k——第 k 类备件价格;

C_k——第 k 类备件成本系数。

将公式(5.4)得到的功能系数及公式(5.5)得到的成本系数代入公式

(5.1)中,得到第 k 类备件的价值系数 V_k。另外,为消除量纲,需要对 V_k 进行进一步处理,即:

$$V'_k = \frac{V_k}{\max V_k} \tag{5.6}$$

5.6.4　初始备件推荐量计算模型

假设飞机零部件发生故障的概率与飞机备件量无关,而且发生故障的概率密度可以按指数分布分析处理。设:

$f(t)$:零部件发生故障的概率密度函数;

$F(t)$:$f(t)$的卷积函数;

M:零部件在 T_s 时间内发生故障的次数。

则飞机正好需要的备件数量是 m 的概率为:

$$P(k) = F^m(T_s) - F^{m+1}(T_s) \tag{5.7}$$

$F^m(T)$——$F(T)$的 m 重卷积。

又由于零部件发生故障的概率密度服从指数分布,故

$$f(t) = \lambda e^{-\lambda t} \tag{5.8}$$

$$F(t) = 1 - e^{-\lambda t} \tag{5.9}$$

相应 m 重卷积计算公式为:

$$F^m(t) = 1 - \sum_{i=0}^{m-1} \frac{(\lambda t)^i}{i!} e^{-\lambda t} \tag{5.10}$$

$$F^{m+1}(t) = 1 - \sum_{i=0}^{m} \frac{(\lambda t)^i}{i!} e^{-\lambda t} \tag{5.11}$$

所以,维修周转期 T_s 内,备件更换概率近似服从参数为 λT_s 的泊松分布,即:

$$P(m) = \frac{(\lambda T_s)^m}{m!} e^{-\lambda T_s} \qquad m = 0, 1, 2, \cdots \tag{5.12}$$

其中:$P(m)$——维修周转期 T_s 内的发生 m 次非计划更换事件的概率;

λT_s——期望备件需求率。

所以,第 k 类备件保障率 $P(\lambda T_k)$ 和该类备件数量 M_k 的关系为:

$$P(\lambda T_k) = \sum_{m=0}^{M_k} \frac{(\lambda T_k)^m}{m!} e^{(-\lambda T_k)} \tag{5.13}$$

其中:$\lambda T_k = \dfrac{\text{FH} \cdot \text{QPA} \cdot n}{\text{MTBUR}} \left[\left(1 - \dfrac{\text{SR}}{1\,000}\right) \dfrac{\text{MSPT}}{365} + \dfrac{\text{SR}}{1\,000} \cdot \dfrac{\text{LT} + \text{AT}}{365} \right]$

M_k——第 k 类备件的总数量;

FH——年飞行小时；

QPA——平均装机数；

n——机队规模；

其他参数意义同前所述。

在有限的资金条件下，所选购的备件应该能显著提高保障率，即单位备件的增加量对应的保障率的增加值最大，与此同时，还应该选择价值系数尽可能大的备件；另外，初始备件的订货计划还应该考虑要覆盖尽可能多的备件项目，所以，初始备件计划是一个多目标决策问题，问题转化为：

$$\max F(M_k) = \sum_{k=1}^{K} Z_1 I_k + \sum_{k=1}^{K} \sum_{m=1}^{M_k} Z_2 \Delta P(\lambda T_k)_{M_k} V'_k$$

$$\text{s. t.} \begin{cases} \sum_{k=1}^{K} M_k p_k \leqslant B \\ MSQ_k \leqslant M_k \leqslant q_k \end{cases} \qquad (5.14)$$

其中：

$$\Delta P(\lambda T_k)_{M_k} = P(\lambda T_k)_{M_k} - P(\lambda T_{k-1})_{M_{k-1}} = \frac{(\lambda T_k)^{M_k}}{M_k!} e^{(-\lambda T_k)}$$

代表第 k 类备件的选购量由 M_{k-1} 增加到 M_k 时，保障率的增加值；

$$I_k = \begin{cases} 1, M_k > 0 \\ 0, M_k = 0 \end{cases}$$

Z_1、Z_2——分别表示覆盖备件项目目标与最大化总体价值系数目标的权重系数；

B——首批航材总资金；

MSQ_k——第 k 类备件的最低起订量；

q_k——RSPL 清单中第 k 类备件推荐数量 REC/QTY。

5.6.5　实例分析

选取某航空公司某机型首批备件推荐清单中部分 LRU 与 LMP 作为研究对象，该部分备件 MOR 均为 1，其他数据见表 5.3。

表 5.3　部分初始备件清单数据及验证结果

序号	分类码	关键性	放行差异码	平均更换故障单元间隔时间	报废率	平均维修时间	装机件数	最低起订量	交货提前期	单价（美元）	推荐量	优化选购量
1	1	3		4 000	999	0	15	0	0	768.54	23	2
2	6	3		18 700	10	25	12	0	120	1 539	2	2
3	6	3		10 000	10	25	9	0	120	38 497	3	0
4	2	1		100 000	0	15	4	0	30	10 704	1	0
5	1	2	C	30 000	999	0	27	0	90	8.6	9	9
6	1	3		30 000	999	0	16	0	90	27.08	5	5
7	2	3		150 000	0	25	48	0	90	9 980.95	1	1
8	2	3		3 600	0	25	5	0	90	6 540	4	1
9	6	2	B	17 000	10	15	12	0	15	2 960	3	3
10	1	3		30 000	999	0	72	0	30	218.37	13	6
11	1	1		2 014	999	0	4	0	7	94.09	11	4
12	1	1		44 200	999	0	20	0	30	62.45	1	1
13	2	2		7 100	0	10	2	0	90	426.45	2	1
14	1	3		727	999	0	1	0	60	502.86	9	6
15	1	3		38 000	999	0	5	0	90	2 340	2	1
16	6	3		72 000	10	15	7	0	90	158.5	1	1
17	1	2		30 000	999	0	108	0	30	13.3	20	20
18	1	3		5 500	999	0	32	0	30	16.8	28	17
19	1	2	D	97 200	999	0	6	0	70	174	1	1
20	1	1		10 000	999	0	3	4	90	250	4	4
21	1	2		7 300	999	0	6	0	60	505	7	4
22	1	2	A	30 000	999	0	32	30	60	6.67	30	30
23	1	3		180 000	999	0	8	15	90	13.64	15	15
24	1	2		37 050	999	0	40	0	45	52.2	8	6
25	1	3		250	999	0	1	0	15	16.25	18	9
26	2	2		9 000	0	15	14	0	270	3210	6	2
27	1	3		500	999	0	1	100	100	4.1	100	100
28	1	3		250 000	999	0	32	0	180	606	2	2
29	1	3		6 000	999	0	8	50	90	3.2	50	50
30	6	1		17 000	100.	25	4	0	90	4 052.66	2	1
31	1	2		17 000	999	0	24	0	90	499.95	13	8
32	6	1		10 000	100	25	4	0	90	2 001.63	3	2
33	1	1		17 000	999	0	4	0	90	1 127.59	4	2

对消耗件和可修件,分别根据式(5.14),利用表 5.3 数据,计算各备件选购的数量 M_k,其间用到的条件数据包括:

$$FH=4000;n=3;AT=7$$

消耗件资金 B_1 控制在 20 000 美元左右;

可修件资金 B_2 控制在 45 000 美元左右;

重要性指标取值:由 ESS 和 MMC 码共同确定,取值范围为 1~6,分别表示 ESS=1、ESS=2 且 MMC 分别为 A、B、C、D(无 MMC 码取 2)、ESS=3;

备件功能指标权重向量 W 所示如下:

消耗件:

$$W=\{ESS,MTBUR,LT+AT\}=\{0.5,0.4,0.1\}$$

可修件(SPC=2):

$$W=\{ESS,MTBUR,MSPT,LT+AT\}=\{0.5,0.4,0.06,0.04\}$$

周转件(SPC=6):

$$W=\{ESS,MTBUR,SR,MSPT,LT+AT\}=\{0.5,0.3,0.1,0.06,0.04\}$$

权值 Z_1、Z_2 和航空公司初始备件采购策略有关,初始备件计划中,消耗件是控制量,项目应该尽量考虑全面覆盖,Z_1、Z_2 分别取值 0.9、0.1;而对于可修件,则要对备件项目严格控制,不必考虑覆盖备件项目的问题,Z_1 取 0、Z_2 取 1。

优化计算的结果 M_k 见表 5.3 中"优化选购量"一列所示,结果显示,运用该优化方法仅需 62 082.42 美元,运用该方法制订的初始备件计划使备件保障率及总价值系数最大化,最大程度发挥采购资金利用率,该方法克服了以往备件保障人员依靠主观经验,删减飞机生产商提供的 RSPL 清单来制定初始备件计划的弊端,所制订的初始备件计划得到航空公司的认可。

5.7 本章小结

本章是基于 PBL 的 ARJ21 飞机初始备件保障策略,首先对备件进行分类,界定初始备件,对制订初始备件计划的影响因素进行分析,提出初始备件清单要求,制订初始备件生成条件与流程,然后根据价值工程理论,确定初始备件计划范围、初始备件功能系数、初始备件价值系数、确定初始备件推荐量计算模型,最后用案例验证该模型的有效性。

6 基于 PBL 的 ARJ21 持续性备件保障策略

持续性备件支援的后续备件需求量就是在飞机运行一年半以后,为了使飞机具有良好的可用度所必需的维修资源,根据我们的研究,现采用对民机备件故障数据拟合的可靠性方法,求得其实际故障率,然后再按不可修件和可修件分别研究的方法,计算民机备件的持续性支援策略是比较可行的方式。

6.1 故障率曲线及其分类

美国宇航局的统计数据表明,民机备件的故障率大致可以分为六种类型,其故障率曲线见图 6.1 所示。

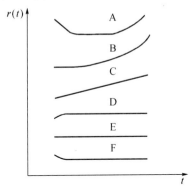

图 6.1 故障率 $r(t)$ 与时间 t 的关系图

对于图 6.1 中的六种故障率曲线,可以看到后三种曲线 D、E、F 仅在开始阶段略有不同,之后就处于恒定不变状态,为了简化和便于应用,可以将后面三种曲线归为一类,认为其故障分布均服从指数分布[106]。因此上述六种曲线可以概括为四类曲线:A、B、C 以及 E 类。其中 A 类中故障率为浴盆曲线,B 类为故障率上升的威布尔(Weibull)曲线,C 类为故障率线性上升的直线,E 类为故障率恒定的直线。

这四类曲线的分布函数及其故障率模型分别为:

(1) 浴盆曲线(曲线 A)。Smith & Bain(1975)提出一个浴盆曲线模型,其失效率函数为：

$$r(t/(\eta,\beta)) = \frac{f(t)}{1-F(t)} = \frac{\beta}{\eta}\left(\frac{t}{\eta}\right)^{\beta-1}e^{\left(\frac{t}{\eta}\right)^{\beta}} \tag{6.1}$$

这里 $r(t)$ 的导数为：

$$r(t;\eta,\beta)' = \frac{\beta r(t)}{t}\left[\left(\frac{t}{\eta}\right)^{\beta} - \left(\frac{1}{\beta}-1\right)\right] \tag{6.2}$$

当 $\beta<1$ 时，$r(t)$ 是浴盆曲线形状的。

（2）威布尔（Weibull）函数（曲线 B）。其故障率函数为：

$$r(t;\eta,m) = \frac{m}{\eta}\left(\frac{t}{\eta}\right)^{m-1} \tag{6.3}$$

（3）线性递增函数（曲线 C）。该故障率函数为：

$$r(t;a,b) = at+b \tag{6.4}$$

（4）指数分布函数（曲线 E）。其故障率函数为：

$$r(t;\theta) = 1/\theta \tag{6.5}$$

当前计算持续性备件推荐量的方法就是假设航空备件故障分布函数服从指数分布，即为图 6.1 中曲线 E。该方法在计算初始备件推荐量有一定的优点，因为在一年左右民机故障率随时间变化小，结果影响不大[107]。这种方法在持续性备件推荐量的计算中易产生较大的偏差，是困扰飞机制造商和用户多年的难题。本书探讨按照不可修件和可修件分别处理的方式，求解持续性备件需求量问题。

6.2 不可修件需求量的预测

对于不可修件来说，备件的需求量主要取决于发生的故障次数，这里发生的故障视为随机点过程，发生在可数的 Hausdorff 局部空间内，因此下面给出不可修件的需求量的计算模型，首先根据更新过程计算故障次数的期望值[108]。

6.2.1 故障次数期望值

设更新过程的分布函数用 $F(t)$ 表示，$F(t)$ 的 n 重卷积 $F^{n}(t)$ 可以通过式（6.6）求得，其形式如下：

$$F^{n}(t) = \int_{0}^{t}F^{n-1}(t-x)\mathrm{d}F(x) \tag{6.6}$$

其中：$F^{n}(t)$——到时间 t 为止发生 n 次故障的概率。那么发生第 k 次故障的概率由式(6.7)可求得：

$$P(N(T)=k)=F^k(t)-F^{k+1}(t) \tag{6.7}$$

对于冷贮备系统在时间 T 内有 k 个备件可用，给定的必需条件(到时间 T 为止有足够备件可用概率)可由式(6.8)得出：

$$A(T)=P(X_1+X_2+\cdots+X_k \geqslant T)=1-P(X_1+X_2+\cdots+X_k<T) \tag{6.8}$$

在时间 t 内期望故障数 $M(t)$ 可求得，该式即为更新函数，在区间 $(0,t]$ 的更新数也可写成：

$$N_t=\frac{t}{T}+\frac{\zeta^2-1}{2}+\zeta\sqrt{\frac{t}{T}}\Phi^{-1}(p) \tag{6.9}$$

其中：$\overline{T}$——平均更换时间；$\sigma(t)$——故障的标准方差，用 $\zeta=\sigma(t)/\overline{T}$ 表示故障的变量系数[109]；$\Phi^{-1}(p)$ 是反正态函数。

如果系统或机器的运行时间相当长且在该期间内发生很多次更换，那么平均故障数 $E[N(t)]=M(t)$ 将会稳定到更新函数的近似值(Gnedenko et al.,1969)。

$$N_t=M(t)=E[N(t)]=\frac{t}{T}+\frac{\zeta^2-1}{2} \tag{6.10}$$

其中：N_t——在时间 t 内发生的平均故障数。

相应故障强度或更新率函数由式(6.11)给出：

$$m(t)=\frac{\mathrm{d}M(t)}{\mathrm{d}t}=\frac{\mathrm{d}E[N(t)]}{\mathrm{d}t}=\frac{1}{T} \tag{6.11}$$

时间 t 的故障数标准偏差见式(6.12)，其具体形式如下：

$$\sigma[N(t)]=\zeta\sqrt{\frac{t}{T}} \tag{6.12}$$

如果上式的时间 t 很大，那么根据中心极限定理可知，故障次数近似是正态分布，其均值为 $\overline{N}(t)$，那么在该段时间内短缺率为 $1-p$ 时所需的近似不可修备件数 N_t 由式(6.13)给出：

$$N_t=\frac{t}{T}+\frac{\zeta^2-1}{2}+\zeta\sqrt{\frac{t}{T}}\Phi^{-1}(p) \tag{6.13}$$

6.2.2　服从指数分布的备件需求模型

对于指数分布，其故障率函数 $r(t)$ 为非负常数 λ，即有

$$r(t)=\frac{f(t)}{R(t)}=\frac{-\mathrm{d}R(t)/\mathrm{d}t}{R(t)}=\lambda,\lambda>0 \tag{6.14}$$

根据可靠性基本函数关系求得寿命分布函数 $F(t)$，如式(6.15)所示：

$$F(t) = 1 - R(t) = 1 - e^{-\int_0^t r(t)} = 1 - e^{-\lambda t} \qquad (6.15)$$

进行求导即得概率密度函数 $f(t)$，具体见式(6.16)：

$$f(t) = \frac{dF(t)}{dt} = \lambda e^{-\lambda t} \qquad (6.16)$$

进行 Laplace 变换，可得到概率密度函数的拉氏变换 $f(s)$，具体见式(6.17)：

$$f(s) = \frac{\lambda}{\lambda + s} \qquad (6.17)$$

由卷积公式可得其 n 重卷积的概率密度函数的拉氏变换 $f^n(s)$，如式(6.18)所示：

$$f^n(s) = f(s) \times \cdots \times f(s) = \left(\frac{\lambda}{\lambda + s}\right)^n \qquad (6.18)$$

然后由逆 Laplace 变换并进行积分后可求得 $F(t)$ 的 n 重分布函数，如式(6.19)所示：

$$F^n(t) = 1 - \sum_{i=0}^{n-1} \frac{(\lambda t)^i}{i!} e^{-\lambda t} \qquad (6.19)$$

n 个备件的可用度，式(6.20)给出：

$$A(T) = \sum_{i=0}^{n-1} \frac{(\lambda T)^i}{i!} e^{-\lambda T} \qquad (6.20)$$

上式就是齐次泊松模型，现在计算达到指定可用度的需求备件数，即寿命分布为指数分布的备件达到指定可用度 $A^*(T)$ 的备件数算法，可以通过图 6.2 的计算流程求出所需的备件数量[110]。

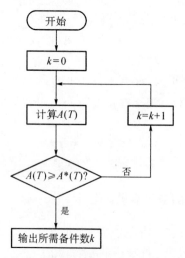

图 6.2　基于可用度的备件数计算流程

6.2.3 服从 Weibull 分布的备件需求模型

对于两参数 Weibull 分布的概率密度函数由式(6.21)所示：

$$f(t) = \alpha\beta t^{\beta-1} e^{-\alpha t^{\beta}} \qquad (6.21)$$

其中：α——比例参数；

$\qquad\beta$——形状参数。

由分布函数和卷积公式即可求得函数的 k 重卷积，$F^k(t)$ 可以近似表示为

$$F^k(t) = \sum_{n=1}^{\infty} \frac{(-1)^{n-1} A_{k,n} t^{n\beta}}{\Gamma(n\beta+1)} \qquad (6.22)$$

其中：系数 $A_{k,n}$——对所有的 n，$A_{1,n}=\alpha_n$；$n<k$ 时，$A_{k,n}=0$；对于所有的 k，

$A_{k,k}=(-1)^{k-1}\alpha_1^k$；对于所有的 $n>k$，$A_{k,n}=-\sum_{j=k-1}^{n-1} A_{k-1,j}\alpha_{n-j}$ ；$\alpha_k=\Gamma k\beta+(1/k!)$

给定时间 T 内发生 k 次故障的概率为

$$P(N(T)=k) = \sum_{n=1}^{\infty} \frac{(-1)^{n-1} A_{k,n} t^{n\beta}}{\Gamma(n\beta+1)} - \sum_{n=1}^{\infty} \frac{(-1)^{n-1} A_{k+1,n} t^{n\beta}}{\Gamma(n\beta+1)} \quad (6.23)$$

组件配备 k 个备件的可用度为

$$A(T) = \sum_{i=0}^{k} P(N(T)=i) = \sum_{i=0}^{k} \left(\sum_{n=1}^{\infty} \frac{(-1)^{n-1} A_{k,n} t^{n\beta}}{\Gamma(n\beta+1)} - \sum_{n=1}^{\infty} \frac{(-1)^{n-1} A_{k+1,n} t^{n\beta}}{\Gamma(n\beta+1)} \right)$$

$$(6.24)$$

通过式(6.24)，即可计算一定可用度下备件的需求量[111]。

6.2.4 实例分析

对某航空公司的某个零件的故障数据进行统计，得到一组故障数据，共有 19 个，排序后分别为：1 487.5,1 748,2 307.5,2 368.5,2 786.5,2 988,3 201,3 249,3 404,3 740,3 838.5,4 125,4 250.5,4 430,4 812,5 305.5,6 685,7 244,8 148(单位：飞行小时)。通过该组数据进行上述四类模型的参数估计以及模型检验，假设上述数据分别符合上述四种类型，计算出各自的参数估计值和相应的 K-S 检验值如表 6.1 所示。

表 6.1　分布函数的参数估计及其 K-S 检验值

	参数估计值	D
指数分布	$\hat{\theta}=2\ 000.0$	0.540 4
Weibull 分布	$\hat{\eta}=4\ 514.8, \hat{m}=2.54$	0.047 7
浴盆曲线	$\hat{\beta}=0.791\ 0, \hat{\eta}=2\ 230.7$	0.688 0
线性递增曲线	$\hat{a}=0.191\ 0e-6, \hat{b}=0.712\ 9e-3$	0.723 6

分别计算上述四类模型的 K-S 检验值,其中 Weibull 分布的 D 值 0.047 7 为最小,满足条件,故接受该组数据服从两参数 Weibull 分布模型,根据公式 (6.3)其故障率函数为:

$$r(t) = \frac{2.54}{4\ 514.8} \times \left(\frac{t}{4\ 514.8}\right)^{2.54-1}$$

图 6.3 表示上述数据的故障率随时间变化且符合 Weibull 分布($\hat{m} = 2.54$),其中横轴是飞行时间 t(单位:小时),纵轴是故障率函数 $r(t)$。

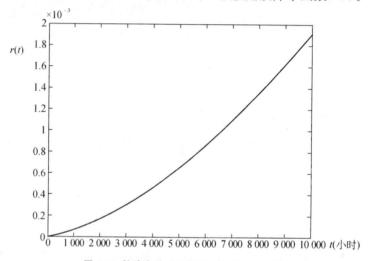

图 6.3　故障率随时间变化的 Weibull 分布图

根据计算飞行时间在 10 000 小时内、保障率为 92% 的条件下备件需求量为 11 个,而假设故障时间服从指数分布时所需备件数仅为 7 个。表 6.2 给出了不同时间(单位:小时)内指数分布和 Weibull 分布备件预测量的比较,结果显示,两种分布对应不同的两种趋势,绝对误差相差 37.93%,表明计算航空备件需求量时,不能简单假设航空备件的故障分布仅服从理想的指数分布,对于不可修件和满足完全维修的可修件的需求量计算时,宜采用更新过程予以处理,而对于满足最小维修的可修件来说,则可应用本书所提的非齐次泊松过程[112]。

表 6.2　Weibull 分布和指数分布备件预测比较

时间(小时)	2 000	3 500	5 000	8 200	9 100	10 000
指数分布	2	2	4	6	7	7
Weibull 分布	0	1	2	7	8	11

计算在不同时间的平均剩余寿命即下次故障时间期望,结果见表 6.3,

其中第一栏代表的是工作时间,第二栏是剩余寿命。

表 6.3　序列时间的下次故障时间期望

时间(小时)	0	1 748	3 201	6 685	9 100	10 000
故障时间期望(小时)	4 007.4	2 519.0	1 734.1	825.0	554.2	487.1

通过表 6.3,明显看出随着时间的增长,剩余平均寿命越来越短,这符合故障率不断增加的 Weibull 分布规律,应用非齐次泊松过程可预计下次故障时间期望。

6.3　可修件需求量的预测

可修件具有"故障—修复—再使用"的特点,不同的维修水平会对其工作寿命产生影响。因此,可修件的需求计算应考虑维修因素的影响。本书将修复程度(即修理度)引入到可修件需求量的计算中来,应用广义更新过程(Generalized Renewal Process,简称 GRP)建立可修备件需求计算模型[113]。

6.3.1　可修件的维修方式

可修件的维修方式有三种:完全维修、不完全维修、最小维修。通常,对于单个零件来说,完全维修和最小维修这两种情况不是很多,大多数情况下的维修是不完全维修,即其性能在修理后仅是部分得到恢复。

（1）完全维修

完全维修或完全修理,是系统运行中发生故障时,通过修理完全排除故障,修复后系统功能恢复如新,该模型通常用更新过程来表示,即在完全维修时,系统有相同的寿命分布和故障率函数。假定系统每次失效后修理时间相对运行时间非常小而忽略不计,即进行修理并立即投入运行,系统故障时刻分别用 $T_1, T_2, \cdots, T_n$ 表示,故障间隔时间分别用 $Z_1, Z_2, \cdots, Z_n$ 表示。如图 6.4 所示,T_i 代表失效时刻($T_0 = 0$),Z_i 为相邻失效时刻的间隔,T_i、Z_i 皆为随机变量[114]。

图 6.4　失效情形的描述

设系统的风险函数和强度函数分别用 $r(t)$ 和 $h(t)$ 来表示,则系统的强度函数为：

$$h(t) = E[r(t)] = E[\lambda(Z(t))] = \int_0^t \lambda(z) f_z(z) \mathrm{d}z \qquad (6.25)$$

当 $t \to \infty$ 时，有 $f_z(z) = \dfrac{R(z)}{E(z)}$。

其中：$R(z)$——z 时刻的可靠度；

$E(z)$——平均寿命；

$\lambda(z)$——故障间隔时间的密度函数；

$f_z(z)$——$Z(t)$ 的分布密度函数。

$$\lim_{t \to \infty} h(t) = \int_0^\infty \lambda(z) \frac{R(z)}{E(z)} \mathrm{d}z = 1/E(z) \qquad (6.26)$$

不失一般性，假定系统劣化过程是呈曲线变化的，则完全修理模型的强度函数示意图如图 6.5 所示，虚线表示经过维修后故障率恢复到初始状态，性能得到完全恢复，这里的修理较短，可以忽略不计。

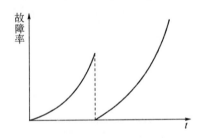

图 6.5　完全修理模型的故障率函数变化

（2）不完全维修

劣化系统的维修经常是不完美的，维修后系统将不是修复如新。这种情况下，系统出现故障后，经修理功能得以恢复，但通常其功能处于"修复如新"与"修复如旧"之间，即属于不完全维修的情形，需要考虑不完全维修建模[115]。这时，常用趋势更新过程表示，即 t 时刻系统的役龄可表示为：

$$Z(t) = t - g_N T_N \qquad (6.27)$$

其中：g_N——第 N 次修复后的恢复系数，$0 < g_N < 1$。

则：

$$r(t) = \lambda[Z(t)] = \lambda(t - g_N T_N) \qquad (6.28)$$

$$h(t) = E[r(t)] \qquad (6.29)$$

此不完全维修模型的强度函数示意图如图 6.6 所示：

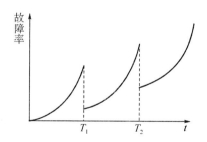

图 6.6 不完全修理模型的故障率函数变化

（3）最小维修

最小修理又称为修复如旧，首先由 Barlow 和 Proshan(1965)进行研究，主要指系统运行中出现故障，经修复后系统功能得以恢复，但系统的故障率与故障发生之前相同，因此 t 时刻前故障与修理对系统状态的影响忽略不计，系统的役龄不随修理而发生变化[116]。（见图 6.5）

此时系统的强度函数与风险函数相同，即：

$$r(t) = \lim_{dt \to 0} \frac{E[dN(t)/R(t_b)]}{dt} = \lim_{dt \to 0} \frac{E[dN(t)]}{dt} = h(t) \qquad (6.30)$$

该模型通常用 NHPP 来表示。

NHPP 是一个以单位时间内发生 r 次事件的在 $(0,T)$ 时间内随机发生的计数过程，这里 $r(x)$ 是时间 x 的故障率函数[117]。

对于事件累积强度函数 $\Lambda(t)$ 有如下的形式：

$$\Lambda(t) = \int_0^t r(x) dx \qquad (6.31)$$

其中：$\Lambda(t)$——非负函数 $r(x)$ 在区间 $[0, t]$ 上的积分，因此 $\Lambda(t)$ 是一单调不减的连续函数。

定义 1：计数过程 $\{N_t; t \geqslant 0\}$ 称作非齐次泊松过程，如果它满足下列四个条件：$P(N_0 = 0) = 1$；过程是普通的，即对任意的 $t \geqslant 0$ 和 $h > 0$，当 $h \to 0$ 时，$P(N_{t,t+h} \geqslant 2) = o(h)$；有独立增量；

$$P\{N(t+h) - N(t)\} = r(t)h + o(h) \qquad (6.32)$$

在 $Z(t) = t$ 时，若系统无维修情况下的故障率为 $\lambda(t)$，则系统在维修作用下的故障率 $r(t)$ 为

$$r(t) = \lambda(Z(t)) = \lambda(t)$$

因此有

$$h(t) = r(t) = \lambda(t) \qquad (6.33)$$

最小修理模型的故障率函数如图 6.7，表示每次修理不会影响故障率，

即修理前后其故障率函数不发生变化。

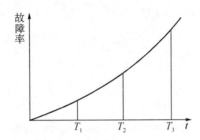

图 6.7 最小修理模型的故障率函数变化

6.3.2 基于广义更新过程的备件需求模型

对于可修件的备件需求数量,此时的故障时间分别为:

$$t_i = \alpha\{-\ln[1-F(t_i)]\}^{\frac{1}{\beta}} \qquad i=1 \qquad (6.34)$$

$$t_i = \left\{\left[q\sum_{j=1}^{i-1}t_j\right]^\beta - \alpha^\beta\ln[1-F(t_i)]\right\}^{\frac{1}{\beta}} - q\sum_{j=1}^{i-1}t_j, i=2,3,\cdots n \qquad (6.35)$$

设 T 为需要预测故障次数的给定时间段,在该时间段 $[0,T]$ 内,依据故障分布函数仿真故障数的期望:

$$E[N(t)] = \sum_{j=1}^{m}\frac{n_j}{m} \qquad (6.36)$$

其中: m——模拟的次数,取值大小依赖精度的要求;

n_j—— j 次模拟的故障数。

对于可修件来说,这时要考虑维修时间的影响,那么在 T 时间段内需求的可修件的数量可用式(6.37)求得:

$$S = \frac{RTAT \times E(N(T))}{T} \qquad (6.37)$$

其中: S——可修件数量;

$RTAT$——设备平均维修时间,不同类型其值不相同,具体要求可见 Boeing 的产品支援手册。

6.3.3 基于广义更新过程的备件需求模型的实现

对于广义更新过程, q 取不同的值,则对应不同的维修策略,即对应五种策略。但是,对于可修件来说,由于出现 $q<0$ 的情况比较少,这里不予以考虑;而对于 $q>1$,这是偶然因素和人为所致,情况复杂,故本书也不再进行论述;下面主要对 RP、NHPP 和 GRP 进行分析。为了便于说明,以寿命分布为 Weibull 为例进行说明。

1）参数估计方法

（1）极大似然法。由 Weibull 分布函数可求得第 $i(1\leqslant i\leqslant n)$ 次的分布函数如式（6.38）和（6.39）所示

$$F(t_i)=1-\mathrm{e}^{-\left(\frac{t_i}{\alpha}\right)^{\beta}} \qquad i=1 \qquad (6.38)$$

$$F(t_i)=1-\mathrm{e}^{\left(\frac{q}{\alpha}\sum\limits_{j=1}^{i-1}t_j\right)^{\beta}-\left(\frac{t_i+q\sum\limits_{j=1}^{i-1}t_j}{\alpha}\right)^{\beta}} \qquad i=2,3,\cdots,n \qquad (6.39)$$

此时，第 i 次概率密度函数通过公式（6.38）和（6.39）求可得式（6.40）和式（6.41）：

$$f(t_i)=\frac{\beta}{\alpha}\left(\frac{t_i}{\alpha}\right)^{\beta-1}\mathrm{e}^{-\left(\frac{t_i}{\alpha}\right)^{\beta}} \qquad i=1 \qquad (6.40)$$

$$f(t_i)=\left(\frac{\beta}{\alpha^{\beta}}\right)\left[t_i+q\sum\limits_{j=1}^{i-1}t_j\right]^{\beta-1}\times\mathrm{e}^{\left(\frac{q}{\alpha}\sum\limits_{j=1}^{i-1}t_j\right)^{\beta}-\left(\frac{t_i+q\sum\limits_{j=1}^{i-1}t_j}{\alpha}\right)^{\beta}}$$
$$i=2,3,\cdots,n \qquad (6.41)$$

对应的广义更新过程的参数估计分为故障结尾和时间结尾两种情况，故障结尾表示既定故障次数出现之后即可结束故障事件统计，而时间结尾表示既定时间 T 到达之后即可结束统计。

参数估计时，主要采用极大似然函数法进行参数估计。

① 故障结尾的似然函数为

$$L=\prod_{i=1}^{n}f(t_i)=f(t_1)\prod_{i=2}^{n}f(t_i) \qquad (6.42)$$

其中：$f(t_i)$——概率密度函数。

由式（6.42）对应的似然函数为式（6.43）：

$$L=\left\{\frac{\beta}{\alpha}\left(\frac{t_1}{\alpha}\right)^{\beta-1}\mathrm{e}^{-\left(\frac{t_1}{\alpha}\right)^{\beta}}\right\}\times\prod_{i=2}^{n}\left\{\left(\frac{\beta}{\alpha^{\beta}}\right)\left[t_i+q\sum\limits_{j=1}^{i-1}t_j\right]^{\beta-1}\times\right.$$
$$\left.\mathrm{e}^{\left(\frac{q}{\alpha}\sum\limits_{j=1}^{i-1}t_j\right)^{\beta}-\left(\frac{t_i+q\sum\limits_{j=1}^{i-1}t_j}{\alpha}\right)^{\beta}}\right\} \qquad (6.43)$$

为了求 q 的参数估计值，现对 $\ln(L)$ 求参数 q 的偏导数，并令其为零，具体见式（6.44），对式（6.39）通过数值方法计算 q 的估计值。

$$\frac{\partial[\ln(L)]}{\partial q}=(\beta-1)\sum_{i=2}^{n}\left[\frac{\sum\limits_{j=1}^{i-1}t_j}{t_i+q\sum\limits_{j=1}^{i-1}t_j}\right]+\frac{\beta q^{\beta-1}}{\alpha^{\beta}}\sum_{i=2}^{n}\left(\sum\limits_{j=1}^{i-1}t_j\right)^{\beta}-$$

$$\frac{\beta}{\alpha^\beta} \sum_{i=2}^n \left(t_i + q \sum_{j=1}^{i-1} t_j\right)^{\beta-1} \left(\sum_{j=1}^{i-1} t_j\right) = 0 \tag{6.44}$$

$$\frac{\partial[\ln(L)]}{\partial\alpha} = \frac{\beta}{\alpha^{\beta+1}} \left[\sum_{i=2}^n \left[\left(t_i + q\sum_{j=1}^{i-1} t_j\right)^\beta - \left(q\sum_{j=1}^{i-1} t_j\right)^\beta\right]\right] + \frac{\beta}{\alpha}\left[\left(\frac{t_1}{\alpha}\right)\beta - n\right] = 0 \tag{6.45}$$

$$\frac{\partial[\ln(L)]}{\partial\beta} = \left[\frac{n}{\beta} + \ln t_1 - n\ln\alpha - \left(\frac{t_1}{\alpha}\right)^\beta \ln\left(\frac{t_1}{\alpha}\right)\right] + \sum_{i=2}^n \left[\ln\left(t_i + \sum_{j=1}^{i-1} t_j\right)\right.$$

$$\left. - \left(\frac{t_i + \sum_{j=1}^{i-1} t_j}{\alpha}\right)^\beta \ln\left(\frac{t_i + \sum_{j=1}^{i-1} t_j}{\alpha}\right) + \left(\frac{\sum_{j=1}^{i-1} t_j}{\alpha}\right)^\beta \ln\left(\frac{\sum_{j=1}^{i-1} t_j}{\alpha}\right)\right] = 0 \tag{6.46}$$

联立上面三个公式,应用拟牛顿迭代算法可得到参数估计值。

② 时间结尾的似然函数为:

$$L = \prod_{i=1}^n f(t_i) = f(t_1)\prod_{i=2}^n f(t_i)R(T \mid t_n) \tag{6.47}$$

其中:$R(T|t_n)$——第 n 次维修后工作了时间 T 后正常的概率。

$$R(T \mid t_n) = \mathrm{e}^{\left(\frac{q\sum_{j=1}^n t_j}{\alpha}\right)^\beta - \left(\frac{T+q\sum_{j=1}^n t_j}{\alpha}\right)^\beta} \tag{6.48}$$

将式(6.40)、(6.41)和(6.48)代入式(6.47)中,可得此时的似然函数见式(6.49):

$$L = \left(\frac{\beta}{\alpha}\left(\frac{t_0}{\alpha}\right)^{\beta-1} \mathrm{e}^{-\left(\frac{t_i}{\alpha}\right)^\beta}\right)\left(\prod_{i=2}^n \left(\frac{\beta}{\alpha^\beta}\right)\left[t_i + q\sum_{j=1}^{i-1} t_j\right]^{\beta-1} \times\right.$$

$$\left. \mathrm{e}^{\left(\frac{q}{\alpha}\sum_{j=1}^{i-1} t_j\right)^\beta - \left(\frac{t_i}{\alpha} + \frac{q}{\alpha}\sum_{j=1}^{i-1} t_j\right)^\beta}\right) \mathrm{e}^{\left(\frac{q}{\alpha}\sum_{j=1}^{i-1} t_j\right)^\beta - \left(\frac{t_i}{\alpha} + \frac{q}{\alpha}\sum_{j=1}^{i-1} t_j\right)^\beta} \tag{6.49}$$

对 q 的参数估计方法同上。

当历史数据较多时,应用极大似然函数法效果较好,而对于小样本数据来说,采用 Bayes 法精度较高。

(2) Bayes 法。本书中提出的使用似然函数法估计 GRP 参数,当使用数据不足时则会导致不确定的估计,这经常会发生,因为使用似然函数需要足够的数据条件。Bayes 法基于先验参数(α,β 和 q)可弥补这些限制。为了发展 Bayes 方法估计 GRP 参数,考虑翻修参照条件和点及时(寿命周期末端),其中系统或部件恢复到起初状态(完好如新),θ_i 是每次寿命周期的参数(α、β 和 q)集,T_i 是每次寿命周期故障时间,P_i 是每次寿命周期后验分布,P_0 是首次寿命周期先验分布。根据首次寿命周期可以估计后验概率密度

基于性能（ＰＢＬ）的航空备件保障方法研究

分布：

$$f_1(\theta \mid T_1) = \frac{L(T_1 \mid \theta)}{\int_\theta L(T_1 \mid \theta)d\theta} \tag{6.50}$$

其中：$f_1(\theta \mid T_1)$——θ 的后验分布在周期 1 给定故障经历；

$L(T_1 \mid \theta)$——似然函数。

式(6.50)求得的后验分布在第二个周期内则变成先验分布，因此，

$$f_2(\theta \mid T_2) = \frac{L_1(T_1 \mid \theta)L_2(T_2 \mid \theta)}{\int_\theta L_1(T_1 \mid \theta)L_2(T_2 \mid \theta)d\theta} \tag{6.51}$$

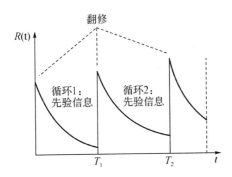

图 6.8　Bayes 法的先验和后验关系

第 n 次寿命周期内应用 Bayes 定理：

$$f_n(\theta \mid T_n) = \frac{\prod_{i=1}^{n} L_i(T_i \mid \theta)}{\int_\theta \prod_{i=1}^{n} L_i(T_i \mid \theta)d\theta} \tag{6.52}$$

或相当地

$$f_n(\theta \mid T_n) = \frac{1}{k}\left(\frac{\beta}{\alpha^\beta}\right)^n \prod_{i=1}^{n}\left\{ (t_i + q\sum_{j=1}^{n-1}t_j)\, \mathrm{e}^{\left(\frac{q}{\alpha}\sum_{j=1}^{n-1}t_j\right)^\beta - \left(\frac{t_i+q}{\alpha}\sum_{j=1}^{n-1}t_j\right)^\beta} \right\} \tag{6.53}$$

其中：n 是观察的故障数，k 是规格化计算因子：

$$k = \int_q\int_\beta\int_\alpha f_n(\theta \mid T_n)\,\mathrm{d}\alpha\mathrm{d}\beta\mathrm{d}q \tag{6.54}$$

使式(6.52)最大的参数值即为 q 估计值。

2) 参数估计实现的单目标遗传算法

对于极大似然法参数估计问题，如果此时似然函数复杂，应用上述迭代算法计算比较困难时，可采用遗传算法(Genetic Algorithms,GA)对参数估计值进行近似求解。它的主要步骤如下：

第一步,编码。GA 在进行搜索之前先将变量编码。根据已经确定的各部件预防性更换役龄,所以优化模型的优化变量为 N 个部件的机会更换役龄 W_i。在编码时可根据单元体系统寿命的具体情况,选择编码的长度。譬如,单元体内部件的役龄都在 100 000 飞行循环以内,因此需要用 17 位二进制表示的机会更换役龄 W_i。但如果将最小单位定义为 100 飞行循环,这样就可以将原本需要 17 位二进制表示的机会更换役龄 W_i,改成用一个 $10 \times N$ 位的二进制来表示。因此,我们只要用一个长度为二进制的字符串,就能表示所有的优化变量。

第二步,产生初始群体。选择一个整数 M 作为群体的规模参数,然后从解域 D 中随机产生 M 个初始字符串,GA 以这 M 个字符串作为初始解开始迭代。对于参数 q,可选取其为 $[0,1]$ 内随机。

第三步,个体适应度的评估。适应度表明个体对环境适应能力的强弱,不同的问题,适应函数的定义方式也不同。在对参数估计时的适应度函数为似然函数,要求在每次进行适应度评价前,必须预估 δ_i 的值。

第四步,选择策略。一个群体中同时有 M 个个体存在,这些个体哪个保留用以繁殖后代,哪个被淘汰,是根据它们对环境的适应能力决定的,适应能力强的有更多的机会保留下来。根据本优化模型的特点,越小说明越适应。

第五步,交叉策略。在每代种群中,选择两点交叉的方式,以一定的交叉概率 P_c 对染色体进行交叉重组。交叉概率的取值要根据实际问题而定,一般在 0.6~1 之间。

第六步,变异策略。用产生第二类初始种群的方法产生若干个随机个体,去替换父代个体中适应值最低的相应数量的个体,这种产生新的父代个体的方法可以在一定程度上保持群体的多样性,避免算法过早地收敛。

6.3.4 实例分析

对航空装备某个零件的故障数据进行统计,得到一组故障数据,共有 19 个数据,分别为:6 685,4 250.5,3 838.5,4 812,8 148,5 305.5,7 244,2 368.5,4 125,3 404,2 786.5,2 988,3 249,3 740,2 307.5,4 430,1 487.5,3 201,1 748,其单位为飞行小时[11]。假设上述数据分别符合上述四种类型,然后对该数据进行参数估计和模型检验。根据表 6.1 对应的四类模型参数估计值和相应的 K-S 检验值,取显著性水平为 5%,则临界值 $D_{19,0.05} = 0.301$,$D_2 = 0.047\ 7$

$<D$,故接受该零件故障服从两参数 Weibull 分布模型:

$$F(t)=1-e^{-(\frac{t}{4\,514.8})^{2.54}} \tag{6.55}$$

若该零件是不可修件或可修件服从完全维修时,由于其故障分布服从两参数 Weibull 模型,可应用式(6.34)和(6.35)对故障次数进行 Monte Carlo 仿真,然后通过式(6.36)计算不同时间完全维修时平均故障次数(见表6.4)。

表 6.4　不同维修方式故障次数　　　　　　　　　　　(时间单位:小时)

	2 000	3 000	4 000	5 000	6 000	7 000	8 000
完全维修	0.237 5	0.607 4	1.044 5	1.434 8	1.754 1	1.921 9	2.018 7
一般维修	0.247 5	0.626 1	1.155 7	1.731 9	2.342 5	3.158 0	17.798 5

如若该零件是可修件,并且其故障分布服从 Weibull 分布,这时采用 GRP 并重新估计参数 α,β 以及 q 的值。由式(6.44)估计出参数样本均值为 $\hat{q}=0.382\,9$,然后应用式(6.34)和(6.35)对故障次数进行 Monte Carlo 仿真以及通过式(6.36)计算不同时间发生平均故障次数(见表6.4)。本例将 $T_1=7\,000$ 小时,$E(N(T_1))=3.158\,0$,$T_2=8\,000$ 小时,$E(N(T_2))=17.798\,5$ 分别代入到式(6.37),即可求得可修件需求量 $S_1=0.216\,5$ 和 $S_2=1.067\,9$。

当样本容量较大时,可以取总体均值为样本均值,所以,当修理度总体均值 $\hat{q}=0.382\,9$ 时,其对应的平均故障次数比完全维修($q=0$)时都要大,并且 8 000 小时后故障次数增度加剧,这种情况符合实际维修特点,即维修后达到完全维修这种理想情况很少,这不仅取决于维修技术和维修人员的技能,还决定于该零件的质量和损坏程度。同时,根据表 6.4 中两种维修方式的结果比较,当应用完全维修时平均故障次数随时间增加缓慢,而本例中可修件平均故障次数的计算由于考虑到修理度的影响而导致工作时间达到 8 000 小时。故障次数的剧增表明:该可修件随着不断的使用和维修,其使用时间不断变短,说明可修件不是无限可修的,从这方面来说也是符合可修件的实际特点的。

6.4　备件联合库存控制系统的评估

在航空公司的运营成本中,飞机的备件成本仅次于整机购置成本和燃油成本。所以,航空公司将备件成本控制列为总成本控制的重点,同时这也是最具潜力的成本控制点。备件的消耗除了一部分用于飞机计划性维修的确定性消耗外,绝大多数的消耗量是随机变化的,这种随机性受飞行循环数、飞行小时、天气条件、机组操作水平等因素的影响。由于大多数备件价格高,如果每家航空公司都为了保证飞机的有效飞行架次率而储存备件,那将会造成极大的经济压力,甚至由于备件自身需求的不确定性,很可能购买后长期不用,形成"呆滞航材",严重影响公司的盈利能力。

基于联合库存管理(Jointly Managed Inventory,JMI)模式的"联合库存控制系统"可以实现多家航空公司的备件共享。由多家航空公司及维修单位共同投资,建立一家超大规模的民机备件库,由备件库的管理者提供长期、有效的备件保障方案。据统计,在 JMI 模式下,法国航空公司降低了约 20%的备件保障成本[100]。

基于模糊层次的联合库存控制系统评估是对系统效能的事后评估,判断其是否完成预定的任务目标、完成水平、取得的效益和付出的成本,从而实现事前控制与指导。[92]依托现代信息技术,通过信息及时、准确的传递与反馈,根据评估结果可实现动态控制和事前修正工作,这对于监控与分配备件资源具有重要意义。

6.4.1　备件库存系统效能评估指标体系的构建

民机备件联合库存控制系统的评估指标需要恰当反映备件本身的属性、保障条件,并按隶属关系、层次结构有序分层。本书根据民机产业特点,以我国某民机联合库存控制项目为研究对象,建立指标的递阶层次结构,见图 6.10,共分为三层。

目标层:民机备件联合库存控制系统效能 U 综合评判;

准则层:生产绩效 U_1,盈利能力 U_2,运营及内部流程 U_3,服务水平 U_4,企业资信 U_5,合作兼容性 U_6;

措施层:备件合格率 U_{11},费率水平 U_{12},投资回报率 U_{21},现金周转率 U_{22},净利润增长率 U_{23},资产负债率 U_{24},订单完成时间 U_{31},库存周转率 U_{32},交货准确率 U_{33},配送能力 U_{34},维修能力 U_{35},AOG(Aircraft on Ground)支援能力 U_{36},客户认知度 U_{41},客户满意度 U_{42},客户忠诚度 U_{43},备件共享规模 U_{51},历史业绩 U_{52},市场占有率 U_{53},管理经验 U_{54},飞机构型一致性 U_{61},信息共享度 U_{62},利益与风险比 U_{63}。

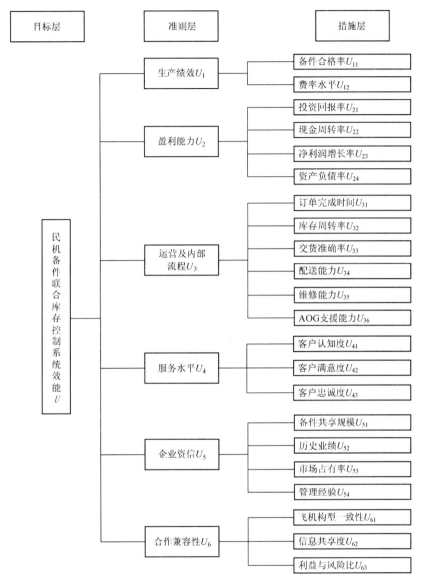

图 6.9 民机备件联合库存控制系统评估指标递阶层次结构

6.4.2 库存控制系统效能评估模型的建立

联合库存的状态本身是渐变的,在概念上并没有明确的分界,但可以引入隶属度的概念,利用模糊聚类分析的方法使模糊概念定量化,通过层次分析法确定模糊权重,构造模糊评价矩阵,从而进行定量评判,计算出联合库存的效能评估值,再通过评估模型,运用多级模糊综合评估方法,采取自下而上的方式,逆向综合加权评估,从而得到联合库存的综合效能测度值[64]。

1) 确定效能指标中各因素的权重

层次分析法(Analytic Hierarchy Process,AHP)是美国运筹学家匹茨堡大学教授萨蒂于 20 世纪 70 年代初,在为美国国防部研究"根据各个工业部门对国家福利的贡献大小而进行电力分配"课题时,应用网络系统理论和多目标综合评价方法,提出的一种层次权重决策分析方法[65]。AHP 将决策问题按总目标、各层子目标、评价准则直至具体的备选方案的顺序分解为不同的层次结构,然后用求解判断矩阵特征向量的办法,求得每一层次的各元素对上一层次某元素的优先权重,最后再用加权和的方法递阶归并各备选方案对总目标的最终权重[66,67]。

步骤 1 根据效能指标之间的关系,建立指标的递阶层次结构,见图 6.9。

步骤 2 对同一层次的各个元素关于上一层次中某一准则的重要性进行两两比较,构造两两比较判断矩阵。判断矩阵的元素 a_{ij} 为指标 i 与指标 j 的重要程度之比,用 1～9 标度方法给出,见表 6.5。例如:若指标 U_1 与 U_2 相比较,U_1 比 U_2 稍重要,则 $a_{ij}=3$,全部比较结果用矩阵 $A=(a_{ij})_{n×n}$ 表示。容易看出,若 U_i 和 U_j 对 U 的影响之比为 a_{ij},则 U_j 和 U_i 对 U 的影响之比应为 $a_{ji}=\dfrac{1}{a_{ij}}$。a_{ij} 的值引用数字 1～9 及其倒数作为标度。表 6.5 列出了 1～9 标度的含义。

表 6.5　1～9 标度含义

标度	含义
1	两个因素相比,具有相同的重要性
3	两个因素相比,前者比后者稍重要
5	两个因素相比,前者比后者明显重要
7	两个因素相比,前者比后者强烈重要
9	两个因素相比,前者比后者极端重要
2,4,6,8	上述相邻判断的中间状态
倒数	因素 i 与 j 的重要性之比为 a_{ij},因素 j 与因素 i 的重要性之比为 $a_{ji}=\dfrac{1}{a_{ij}}$

判断矩阵元素的取值,可采用充分咨询相关专家经验的方法,设有 m 位专家参与评估,其判断矩阵分别为 $A_1,A_2,\cdots,A_m$,将 m 个判断矩阵,用加权几何平均的方法得到一个综合判断矩阵 A,为此设计专家咨询表,以第二层指标为例,见表 6.6。

表 6.6　指标比较权重专家咨询表

比较指标	U_1	...	U_n
U_1	α_{11}	...	α_{n1}
...	...	...	...
U_n	α_{1n}	...	α_{nn}

步骤 3　由判断矩阵计算被比较元素对于该准则的相对权重。对判断矩阵计算最大特征值和特征向量,对判断矩阵 A 计算满足 $AW = \lambda_{\max} W$ 的最大特征根 $\lambda_{\max}$ 与对应的经过归一化的特征向量 W,$W = (w_1, w_2, \cdots, w_n)$,这就是下一层元素对上一层元素的单排序权值。

步骤 4　一致性检验。虽然在构造判断矩阵 A 时并不要求判断具有一致性,但判断偏离一致性过大也是不允许的,因此需要对判断矩阵 A 进行一致性检验,其步骤如下:

第一,计算一致性指标 $C.I.$(Consistency Index)

$$C.I. = \frac{\lambda_{\max} - n}{n - 1}$$

第二,查表确定相应的平均随机一致性指标 $R.I.$(Random Index),据判断矩阵不同阶数查下表,得到平均随机一致性指标 $R.I.$。例如,对于 5 阶的判断矩阵,查表得到 $R.I. = 1.12$。

第三,计算一致性比例 $C.R.$(Consistency Ratio)并进行判断,$C.R. = \frac{C.I.}{R.I.}$。当 $C.R. < 0.1$ 时,认为判断矩阵的一致性是可以接受的;当 $C.R. > 0.1$ 时,认为判断矩阵不符合一致性要求,需要对该判断矩阵进行重新修正。

步骤 5　计算综合权重排序。在得到措施层对准则层、准则层对目标层的权重分配后,为了得到每一层次相对于目标层的总排序的相对权重,需要自上而下逐层进行组合权重的计算。设 k 层所有的元素相对于 $k+1$ 层所有元素的相对权重矩阵为 $W^k = (w_{ij})^k_{n \times m}$,$k$ 层元素的组合优先权值向量为 $a^k = (a_1^k, a_2^k, \cdots, a_m^k)^T$,组合权重的计算公式可表示为:$a^{k+1} = W^k a^k$。

2)建立模糊综合评判模型

根据提出的指标体系,在模糊评判基本模型的基础上建立模糊综合评判模型。

步骤 1　建立因素集。根据指标体系的递阶层次结构,将因素集 U 分成 n 个子集,记为 $U_1, U_2, \cdots, U_n$,且满足 $U = \{u_1, u_2, \cdots, u_n\}$,$\bigcup U_j = U$。

步骤 2　建立评判集。每一因素所处状态的 n 种决断为 $V = \{v_1, v_2, \cdots,$

$v_n \}$。

步骤 3 建立权重集。该问题存在着两种模糊集,一种是表示各因素在人们心目中的重要程度,以因素集的模糊权重向量 $A = (a_1, a_2, \cdots, a_m)$ 为表现形式;另一类是 $U \times V$ 的模糊关系,表现为 $m \times n$ 的模糊矩阵 R。这两类模糊集都是人们价值观念或偏好结构的反映。对这两类集进行模糊运算,可得到 V 上的一个模糊子集 $B = (b_1, b_2, \cdots, b_n) \in F(V)$,其中 b_i 表示被评价对象具有评语 v_i 的程度,即对模糊集 B 的隶属度。

目前,隶属度函数大多数都是通过对大量的统计数据和专家经验进行分析归纳得出相应数值。根据联合库存控制系统的效能指标参数,对每一个评价指标 $u_i(i=1,2,\cdots,m)$ 分别构造出它隶属于 v_1(优),v_2(良),v_3(中),v_4(差),v_5(很差)的隶属函数 $v_{1i}, v_{2i}, v_{3i}, v_{4i}, v_{5i}$。

这些效能评估指标可以分为四类,第一类是效益型指标,指标值越大越好,如备件质量、投资回报率、现金周转率、周转能力、客户认知度等;第二类是成本型指标,指标值越小越好,如资产负债率、订单完成时间;第三类为区间型指标,指标值越接近某固定区间越好,如费率水平、信息共享度、利益与风险比;第四类为定性指标,如维修能力、AOG 支援能力、共享规模、管理经验。假设系统效能评估分值设为 0~10 分,令"优"为 9 分,"良"为 7 分,"中"为 5 分,"差"为 3 分,"很差"为 1 分,则指标分别为优、良、中、差、很差的隶属度为:

$$u(x) = \begin{cases} 0, & (x \leqslant 7) \\ (x-7)/2, & (7 < x < 9) \\ 1, & (x \geqslant 9) \end{cases} \tag{1}$$

$$u(x) = \begin{cases} 0, & (x \leqslant 5) \\ (x-5)/2, & (5 < x \leqslant 7) \\ (x-7)/2, & (7 < x < 9) \\ 0, & (x \geqslant 9) \end{cases} \tag{2}$$

$$u(x) = \begin{cases} 0, & (x \leqslant 3) \\ (x-3)/2, & (3 < x \leqslant 5) \\ (x-5)/2, & (5 < x < 7) \\ 0, & (x \geqslant 7) \end{cases} \tag{3}$$

$$u(x)=\begin{cases}0,(x\leqslant1)\\(x-1)/2,(1<x\leqslant3)\\(x-3)/2,(3<x<5)\\0,(x\geqslant5)\end{cases} \tag{4}$$

$$u(x)=\begin{cases}1,(x\leqslant1)\\(x-1)/2,(1<x<3)\\0,(x\geqslant3)\end{cases} \tag{5}$$

对效益型和成本型而言,设 c_i 为指标样本集中指标 u_i 的最小值, d_i 为指标的最大值。将指标 u_i 在评价周期内的精确值从小到大平均分成三类 $S_1=\{s_{11},s_{12},\cdots,s_{1i_1}\}$、$S_2=\{s_{21},s_{22},\cdots,s_{2i_2}\}$、$S_3\{s_{31},s_{32},\cdots,s_{3i_3}\}$,分别取其平均值 $\varepsilon_1=\dfrac{1}{i_1}\sum\limits_{j=1}^{i_1}S_{1j}$,$\varepsilon_2=\dfrac{1}{i_2}\sum\limits_{j=1}^{i_2}S_{2j}$,$\varepsilon_3=\dfrac{1}{i_3}\sum\limits_{j=1}^{i_3}S_{3j}$。

令 $\varepsilon_0=c_i$,$\varepsilon_4=d_i$,以 ε_0 为下限值,ε_4 为上限值将区间划分为五个等级,设定最能表示某级特性的平均值点的隶属度为 1,而边界交点概念最模糊,隶属度为 0.5,通过分析指标值和平均值之间的关系,利用区域数值的上下限,即可构造出正负指标的隶属函数。

对区间型指标而言,设 x 为指标的观测值,指标的隶属度函数构建为:

$$v_{ij}(X)=\begin{cases}1-\dfrac{\max\{x_{i1}-x,x-x_{i2}\}}{\max\{x_{i1}-\min x,\max x-x_{i2}\}} & x\notin[x_{i1},x_{i2}]\\1 & x\in[x_{i1},x_{i2}]\end{cases}$$
$$i=1,2,3,4,5;j=1,2,3 \tag{6.56}$$

步骤 4 综合评判。联合库存控制系统模糊综合效能评估就是要寻找模糊权重向量 $A=(a_1,a_2,\cdots,a_m)\in F(U)$,以及从 U 到 V 的模糊变换算子 f,得到模糊矩阵 $R=[r_{ij}]_{m\times n}\in F(U\times V)$,其中 r_{ij} 表示因素 u_i 具有评语 v_j 的隶属度,进而求出模糊综合评价:$B=f(AR)$。

6.4.3 实例分析

对某民机的联合库存控制系统进行效能评估,建立如图 6.9 所示的三层递阶层次模型,征求专家意见,得到判断矩阵见表 6.7。

表 6.7 判断矩阵

U	U_1	U_2	U_3	U_4	U_5	U_6
U_1	1	7	1	2	1	4
U_2		1	1/4	1	1/5	1/6
U_3			1	5	1	3
U_4				1	1/4	1/2
U_5					1	3
U_6						1

U_1	U_{11}	U_{12}
U_{11}	1	6
U_{12}	1/6	1

U_2	U_{21}	U_{22}	U_{23}	U_{24}
U_{21}	1	1/3	1/2	1
U_{22}		1	5	4
U_{23}			1	3
U_{24}				1

U_3	U_{31}	U_{32}	U_{33}	U_{34}	U_{35}	U_{36}
U_{31}	1	1	8	7	1	1
U_{32}		1	6	5	1	3
U_{33}			1	4	1/3	1
U_{34}				1	1/4	1/3
U_{35}					1	1
U_{36}						1

U_4	U_{41}	U_{42}	U_{43}
U_{41}	1	5	5
U_{42}		1	1
U_{43}			1

U_5	U_{51}	U_{52}	U_{53}	U_{54}
U_{51}	1	8	9	9
U_{52}		1	4	2
U_{53}			1	5
U_{54}				1

U_6	U_{61}	U_{62}	U_{63}
U_{61}	1	9	8
U_{62}		1	1
U_{63}			1

计算得到权向量及检验结果,见表 6.8。

表 6.8 层次计算权向量及检验结果

U	总排序权值	U_1	单排序权值	U_2	单排序权值	U_3	单排序权值
U_1	0.219 7	U_{11}	0.731 1	U_{21}	0.206 9	U_{31}	0.240 7
U_2	0.086 4	U_{12}	0.268 9	U_{22}	0.377 1	U_{32}	0.225 2
U_3	0.212 5	$C.R.$	0.000 0	U_{23}	0.228 7	U_{33}	0.108 1
U_4	0.116 6			U_{24}	0.187 3	U_{34}	0.085 6
U_5	0.212 5			$C.R.$	0.018 8	U_{35}	0.184 3
U_6	0.152 3					U_{36}	0.156 1
$C.R.$	0.020 0					$C.R.$	0.031 5

U_4	单排序权值	U_5	单排序权值	U_6	单排序权值
U_{41}	0.526 6	U_{51}	0.602 1	U_{61}	0.691 3
U_{42}	0.236 7	U_{52}	0.164 1	U_{62}	0.149 2
U_{43}	0.236 7	U_{53}	0.134 3	U_{63}	0.159 5
$C.R.$	0.000 0	U_{54}	0.099 5	$C.R.$	0.004 3
		$C.R.$	0.053 2		

表 6.8 中数据表明,所有排序的 $C.R.<0.1$,即每个判断矩阵的一致性都是可以接受的。

根据前述的隶属度函数计算方法,确定联合库存控制系统的效能指标隶属度向量。例如,对一级指标{运营及内部流程 U_5}而言,其下级指标为:{订单完成时间 U_{31}、库存周转率 U_{32}、交货准确率 U_{33}、配送能力 U_{34}、维修能力 U_{35}、AOG 支援能力 U_{36}},计算后得到其各自的隶属度向量为 $r_1 = [0.8, 0.2, 0, 0, 0]$;$r_2 = [0.5, 0.5, 0, 0, 0]$;$r_3 = [06, 04, 0, 0, 0]$;$r_4 = [0.6, 0.4, 0, 0, 0]$;$r_5 = [0, 0.4, 0.6, 0, 0]$;$r_6 = [1, 0, 0, 0, 0]$。

根据加权平均变换模糊算子进行运算,得到:

$$B = f(AR) = \begin{bmatrix} 0.240\,7 & 0.225\,2 & 0.108\,1 & 0.085\,6 & 0.184\,3 & 0.156\,1 \end{bmatrix} \cdot \begin{bmatrix} 0.8 & 0.2 & 0 & 0 & 0 \\ 0.5 & 0.5 & 0 & 0 & 0 \\ 0.6 & 0.4 & 0 & 0 & 0 \\ 0.6 & 0.4 & 0 & 0 & 0 \\ 0 & 0.4 & 0.6 & 0 & 0 \\ 1 & 0 & 0 & 0 & 0 \end{bmatrix} = \begin{bmatrix} 0.577\,5 & 0.311\,9 & 0.110\,6 & 0 & 0 \end{bmatrix}$$

则该联合库存控制系统{运营及内部流程 U_5}指标按隶属度最大原则,评价为"优",利用 0～10 评分进行加权平均,该{运营及内部流程 U_5}指标评分为:$0.577\,5 \times 9 + 0.311\,9 \times 7 + 0.110\,6 \times 5 + 0 + 0 = 7.933\,8$。

同理,分别得到该联合库存其他五项一级指标(生产绩效 U_1,盈利能力 U_2,服务水平 U_4,企业资信 U_5,合作兼容性 U_6)的效能评分,根据表 6.9 中的总排序权值,得到该联合库存的总体效能评分为:

$8.561 \times 0.219\,7 + 9.013 \times 0.086\,4 + 7.913\,8 \times 0.212\,5 + 5.083 \times 0.116\,6 + 5.197\,5 \times 0.212\,5 + 6.183\,3 \times 0.152\,3 \approx 6.98$

据此判断,该联合库存控制系统总体评估为"良"。

6.5 本章小结

本章建立了基于 PBL 的民机持续性备件支援策略,这是备件支援计划的第二个阶段,这时的备件支援计划在很大程度上受到故障率的影响,所以分析六种故障率曲线,然后分不可修件、可修件,分别建立它们的备件量计算模型,并分别用实例验证模型的有效性。由于研究备件的需求量必然要联系到库存问题,所以这一章在最后对备件联合库存控制系统进行评估,并引用数据进行实例分析。

7 结 语

当前我国正在自主研制新型民用飞机,支线飞机 ARJ21 已经首飞成功。PBL 是一种系统产品保障策略,它把保障作为一种综合的、经济上可承受的性能来购买,使系统的完好性达到最高水平。本书以目前的航空备件保障理论和方法为基础,研究基于 PBL 的航空备件保障系统控制方法及实际应用,对我国正在研制的 ARJ21 飞机的航空备件保障工作具有一定的实际意义和工程应用价值。本书重点完成了以下工作:

(1) 总结了航空备件保障工作现状和航空备件保障系统的研究现状、PBL 的实施现状和研究现状。

(2) 基于 PBL 对航空备件的保障过程进行概率性序列分析。这部分的研究内容是分三个方面来阐述的。首先,分析民机全系统寿命周期管理与 PBL 的关系,用一系列图片图解基于 PBL 的民机备件保障体系结构:提出基于 PBL 的航空备件保障策略、备件保障的运作模型、备件保障团队的组织结构、备件保障的财务流程策略、备件保障系统的集成方式、备件保障集成商 PSI 责任图、PSI 的水平模型和垂直模型、保障体系的绩效协议等,最后以 ARJ21 飞机为研究对象,确立 ARJ21 飞机的 PBL 保障计划和指标体系、保障的实施步骤和保障目标。然后,以概率性的序列运算理论为基础,将备件的需求、维修和库存视为离散型一维随机变量,利用随机序列间的卷和、卷差及交积来分析随机保障过程中的各个随机事件间的关系,动态描述保障过程,并进行了实例分析。最后,基于 PBL,把民机的可靠性设计和备件量优化统一在一个目标下,即在取得高可靠性效能的同时,又最大限度地降低了备件占用成本。这里推导出一种分析模式来阐明结合了五个效能指标的备件利用率特征。这种备件利用率的分析思路允许决策者通过优化可靠性设计、制造和售后持续服务方面的投资来降低备件量占用成本。实例分析显示,使用的不确定性对利用率具有巨大的影响。降低维修周期时间同样极大地有利于提高备件利用率。因此当民机的可靠性低时,尤其是在新飞机的推广期,更多的资源要配置到修理厂以加速维修过程。当飞机技术成熟后,更多的资源要配置到飞机可靠性的改善。随着可靠性的提高,故障会越来越少,修理厂的维修设施空间也会逐渐减少,将来的研究会延伸这种模式至能力有限的修理厂或者允许机场之间动态的横向再供货。

（3）运用熵权预测理论,对基于 PBL 的航空备件保障系统的保障精度进行预测。从信息熵的视角,建立基于熵权的航空备件保障系统精度预测模型,考虑到预测过程的不确定因素,所以本书首先运用信息熵理论,计算各误差评价指标的相对熵权值;然后计算不同误差指标下的各单项预测方法变异系数,确定各预测方法的权重;最后确定各误差评价指标与各单项预测方法的组合权重。并通过实例分析表明,熵权组合预测模型比一元回归模型、灰色模型 GM(1,1)更为合理,反映信息更加全面,预测效果更加精确,与常用的权系数比较,该方法具有更具体的实用价值。

（4）探讨了基于 PBL 的航空备件保障的经济性分析方法。本书以已经上市的某航空公司对某个型号飞机的 PBL 备件保障活动进行财务数据分析,选择的报表日期区间为 2000-06-30——2012-12-31,维护报表日期为 2012-12-31,根据已有的"资产负债表"、"损益表"、"现金流量表"等财务报表,应用财务分析软件稽核该财务报表,根据稽核报告,合成现金流量表,生成结构财务报表,分析保障费用的盈亏要素敏感性、基于范霍恩模型的保障活动可持续性、保障活动的经济增加值、自由现金流量、基于 K-S 模型和边际模型的盈余状况;并用阿塔曼模型评价保障活动的成功与否,用沃尔指数评价保障信用能力,通过计算,得到该实例基于 PBL 的航空备件保障信用能力的评价值为"82"。最后用拉巴波特模型评估保障价值,经软件计算,在营业收入利润率递减率为－1％的情况下,得到基于 PBL 的航空备件保障的拉巴波特价值的初始值为 173 926 391 363 元,十年后,保障价值的预测值为14 779 778 993 748 元,变化率为 8 397.72％。

（5）基于 PBL 理论,提出 ARJ21 飞机的初始备件保障策略。这里首先对备件进行分类,界定初始备件,对制定初始备件计划的影响因素进行分析,提出初始备件清单要求,制定初始备件生成条件与流程,然后根据价值工程理论,确定初始备件计划范围、初始备件功能系数、初始备件价值系数、确定初始备件推荐量计算模型,最后用案例验证该模型的有效性。

（6）基于 PBL 理论,提出 ARJ21 飞机的持续性备件保障策略。这是备件保障计划的第二个阶段,这时的备件保障计划在很大程度上受到故障率的影响,所以分析六种故障率曲线,然后分不可修件、可修件,分别建立它们的备件量计算模型,并分别用实例验证模型的有效性。由于研究备件的需求量必然要联系到库存问题,所以这里在最后对备件联合库存控制系统进行评估,并引用数据进行实例分析。

本书以目前的航空备件保障理论和方法为基础,研究了基于 PBL 的航空备件保障系统控制方法及实际应用,并且以 ARJ21 飞机为例,进行详细的实例研究和论证。创新点主要包括以下几方面:

(1) 图解基于 PBL 的民机备件保障体系结构:提出基于 PBL 的航空备件保障策略、备件保障的运作模型、备件保障团队的组织结构、备件保障的财务流程策略、备件保障系统的集成方式、备件保障集成商 PSI 责任图、PSI 的水平模型和垂直模型、保障体系的绩效协议等,最后以 ARJ21 飞机为研究对象,确立 ARJ21 飞机的 PBL 保障计划和指标体系、保障的实施步骤和保障目标。

(2) 运用熵权预测理论,对基于 PBL 的航空备件保障系统的保障精度进行预测。从信息熵的视角,建立基于熵权的航空备件保障系统精度预测模型,计算各误差评价指标的相对熵权值;计算不同误差指标下的各单项预测方法变异系数,确定各预测方法的权重;最后确定各误差评价指标与各单项预测方法的组合权重。并通过实例分析表明熵权组合预测模型比一元回归模型、灰色模型 GM(1,1)更为合理,反映信息更加全面,预测效果更加精确,该方法具有更具体的实用价值。

(3) 探讨了基于 PBL 的航空备件保障的经济性分析方法。本书以已经上市的某航空公司对某个型号飞机的 PBL 备件保障活动进行财务数据分析,选择的报表日期区间为 2000-06-30—2012-12-31,维护报表日期为 2012-12-31,根据已有的"资产负债表"、"损益表"、"现金流量表"等财务报表,应用财务分析软件稽核该财务报表,根据稽核报告,合成现金流量表,生成结构财务报表,分析保障费用的盈亏要素敏感性、基于范霍恩模型的保障活动可持续性、保障活动的经济增加值、自由现金流量、基于 K-S 模型和边际模型的盈余状况;并用阿塔曼模型评价保障活动的成功与否,用沃尔指数评价保障信用能力,通过计算,得到该实例基于 PBL 的航空备件保障信用能力的评价值为"82"。最后用拉巴波特模型评估保障价值,经软件计算,在营业收入利润率递减率为 −1%的情况下,得到基于 PBL 的航空备件保障的拉巴波特价值的初始值为 173 926 391 363 元,十年后,保障价值的预测值为 14 779 778 993 748 元,变化率为 8 397.72%。

(4) 基于 PBL 理论,提出 ARJ21 飞机的初始备件保障策略。首先对备件进行分类,界定初始备件,对制定初始备件计划的影响因素进行分析,提出初始备件清单要求,制定初始备件生成条件与流程,然后根据价值工程理论,确定初始备件计划范围、初始备件功能系数、初始备件价值系数、确定初始备件推荐量计算模型,最后用案例验证该模型的有效性。

(5) 基于 PBL 理论,提出 ARJ21 飞机的持续性备件保障策略。这是备件保障计划的第二个阶段,这时的备件保障计划在很大程度上受到故障率的影响,所以分析六种故障率曲线,然后分不可修件、可修件,分别建立它们的备件量计算模型,并分别用实例验证模型的有效性。由于研究备件的需求量必然要联系到库存问题,所以这里在最后对备件联合库存控制系统进行评估,并引用数据进行实例分析。

本书在运用 PBL 理论解决航空备件的保障问题方面做了一些研究,但仍有许多有待进一步深入探讨的问题。笔者认为该课题需要进一步研究的工作是:

(1) 航空备件的保障活动中,还有一项是 AOG 保障,但这一问题由于发生的概率不高,相关的研究数据收集得不多,难以形成结论,所以在本书中没有做深入的研究,这个问题有待进一步探讨。

(2) PBL 的实施需要大量统计数据做支撑,在使用数据的时候可进一步确定精确的故障分布,使保障活动动态实施并且可预测。

(3) 实施备件保障活动之后,发现缺陷和不足,这些信息如何反馈到保障系统的设计环节,这点还需进行深入研究。

参考文献

[1] 未来 20 年中国需要 5260 架新飞机[J/OL]. 波音,2012(26). http://www. boeing. cn/presscenter/newsletter/Boeing _ China _ Newsletter _ 2012Q3/♯/8/.

[2] 吴静敏. 民用飞机全寿命维修成本控制与分析关键问题研究[D]. 南京:南京航空航天大学,2006:11-12.

[3] 成磊. 2006 年世界军用航空维修市场综述[J]. 航空维修与工程, 2006(4):12-13.

[4] 刘晓东,张恒喜,尚柏林. 装备综合保障模型及应用综述[J]. 装备指挥技术学院学报,2001,12(1):69-72.

[5] 马绍民,刘用权,章国栋. 综合保障工程[M]. 北京:国防工业出版社,2002:4-5.

[6] 鲍承昌. 试析综合保障工程与保障性工程[J]. 中国修船,2001,1 (1):22-23.

[7] 曹军海,等. 装备保障性建模与仿真技术综述[J]. 装备质量,2003 (2):12-13.

[8] 郭祥雷,刘丽文. 美军基于性能的采办改革及对我军的启示[J]. 军事经济研究,2008,29(5):36-38.

[9] 于晓伟,张宝珍,曾天翔. 美国基于性能的后勤实施现状分析[J]. 外国军事后勤,2007(7):15-16.

[10] 刘丽文,郭祥雷. 武器装备保障供应链中基于绩效的整体外包机制 [J]. 中国管理科学,2009(6):91-97.

[11] Kristan A, M Endoza, Lisa A Devlin. ADA443144 Performance Based Logistics and the Implications of Organizational Design[R],2005:17-21.

[12] A Sols, D Nowicki, D Verma. n-Dimensional effectiveness metric-compensating reward scheme in performance-based logistics contracts[J]. Systems Engineering, 2008, 11(2):93-106.

[13] S H Kim, M A Cohen, S Netessine. Performance Contracting in After-Sales Service Supply Chains[J]. Management Science, 2007, 12(53):

1843 - 1858.

[14] D Nowicki, U D Kumar, H J Steudel, et al. Spares provisioning under performance-based logistics contract: profit-centric approach[J]. Journal of Operational Research Society,2009,59(3):342 - 352.

[15] David Nowicki, Wesley S Randall, Alex Gorod. A Framework for Performance Based Logistics: A system of systems approach[C]//Ultra Modern Telecommunications and Control Systems and Workshops (ICUMT). 2010 International Congress on IEEE, 2010: 681 - 692.

[16] Kuo W, Wan R. Recent advances in optimal reliability allocation [M]//IEEE Transactions on Systems. 2007,(37):143 - 156.

[17] Öner K B, Kiesmüller G P, Van Houtum G J. Optimization of component reliability in the design phase of capital goods[J]. European Journal of Operational Research. 2010,205(3): 615 - 624.

[18] Jin T, Liao H. Spare parts inventory control considering stochastic growth of an installed base [J]. Computers & Industrial Engineering, 2009,56(1):452 - 460.

[19] Gelderman C J, Van Weele A J. Purchasing portfolio models: a critique and update [J]. Journal of Supply Chain Management. 2005,41 (3):19 - 28.

[20] Giunipero L C, Eltantawy R A. Securing the upstream supply chain: a risk management approach[J]. International Journal of Physical Distribution & Logistics Management,2004, 34(9): 698 - 713.

[21] Glas A, Essig M. Public performance-based contracting: outcome oriented pricing of incomplete contracts facing public procurement procedures and price law[C]//Supply Management, Missing Link in Strategic Management 2010 Proceedings of the 19th IPSERA-Conference, 2010:127 - 143.

[22] Honore P A, Simoes E J, Moonesinghe R, et al. Applying principles for outcome-based contracting in a public health program[J]. Journal of Public Health Management and Practice,2004, 10(5):451 - 457.

[23] Huber R K, Schmidt B. Limits of German defence reform: results of parametric analysis for the commission "Common Security and Future of the Bundeswehr"[J]. Journal of the Operational Research Society, 2004, 55(4):

参考文献

350 - 360.

[24] Hünerberg R, Hüttmann A. Performance as a basis for price-setting in the capital goods industry: concepts and empirical evidence[J]. European Management Journal, 2003, 21(6):717 - 730.

[25] Hypko P, Tilebein M, Gleich R. Clarifying the concept of performance-based contracting in manufacturing industries: a research synthesis [J]. Journal of Service Management, 2010, 21(5):625 - 655.

[26] Jones L R. The M in management: How do we define public management? [J]. International Public Management Review, 2003, 4(2): 1 - 19.

[27] Kaufmann L, Germer T. Controlling internationaler Supply Chains [J]. Supply Chain Management, Lemmens, Bonn, 2001(5):177 - 192.

[28] Mason-Jones R, Naylor B, Towill D R. Lean, agile or leagile? Matching your supply chain to the marketplace [J]. International Journal for Production Research, 2000, 38(17): 4061 - 4070.

[29] 张涛. 面向任务的装备保障能力评估模型研究[J]. 小型微型计算机系统, 2005(6):1093 - 1096.

[30] Kagazyo T, et al. Methodology and Evaluation of Priorities for Energy and Environental Research Projects [J]. Fuel and Energy Abstracts, 1997, 38(2):121 - 129.

[31] Satty T L, Hu G. Ranking by Eigenvector Versus Other Methods in the Analytic Hierarchy Process [J]. Applied Mathematics Letters, 1998, 11(4):121 - 125.

[32] Bevilacqua M, Braglia M. The Analytic Hierarchy Process Applied to Maintenance Strategy Selection [J]. Reliability Engineering and System Safety, 2000, 70(1):71 - 38.

[33] Kaymak U, Nauta Lemke H R Van. A Sensitivity Analysis Approach to Introducing Weight Factors into Decision Functions in Fuzzy Multicriteria Decision Making [J]. Fuzzy Sets and Systems, 1998, 97(2): 169 - 182.

[34] Ishibuchi H, Nii M. Neural Networks for Soft Decision Making [J]. Fuzzy Sets and Systems, 2000, 115(1):121 - 140.

[35] Molina A V, Chou K C. Application of Neural Networks for the

Performance Evaluation of ridges［C］. Probabilistic Mechanics and Structural and Reliability，Proceedings of the Specialty Conference，1996，Sponsored by ASCE，1996：298－301.

［36］Tamura H，Yamamoto K，Hatono I，et al. Multiattribute Evaluation of Flexible Manufacturing Systems Using AHP Combined with Neural Networks［C］. The 1992 Japan-USA Symposium on Flexible Automation Part 2，1992：1751－1754.

［37］Kapaln A，Orr D. An optimum multiechelon repair policy and stockage model［J］. Naval Research Logistics Quarterly，1985，32（4）：551－566.

［38］Melanie L Hatch，Ralph D Badinelli. Concurrent Optimization in Designing for Logistics Support［J］. European Journal of Operational Research，1999（115）：77－97.

［39］郭奇胜.装备效能评估概述［M］.北京：国防工业出版社，2005：30－38.

［40］高雅娟，田斐斐.平均故障间隔时间评估方法分析［J］.航空标准化与质量，2012（4）：34－55.

［41］Chengjun Zhang. Dynamic programming procedure for searching optimal models to estimate substitution rates based on the maximum-likelihood method［J］. Proceedings of the National Academy of Sciences of the United States of America，2011，108（19）：7860－7865.

［42］李俊华，陈宾康，应文烨，等.船舶舱室布置方案的模糊综合评价［J］.中国造船，2000，41（4）：22－27.

［43］Guangxuan Chen. Design and Realization of Active MQ Based High Performance Message Cluster. 2013 International Conference on Computational Science and Engineering［C］. Qingdao，2013：310－313.

［44］Li Yongli. Improved Integrated Evaluation on Financial Performance of Listed Company：A Case Study of 14 Transport Companies. The 25th Chinese Control and Decision Conference［C］. Guiyang，2013：4128－4133.

［45］Gregory R Heim. The Value to the Customer of RFID in Service Applications［J］. Decision Sciences. 2009，40（3）：477－512.

［46］杨世荣，李新其，李红霞.基于改进 ADC 方法的陆基常规导弹主战系统作战效能评估模型［J］.情报指挥控制系统与仿真技术，2004，26（6）：20－23.

[47] 潘高田,周电杰,王远立,等. 系统效能评估 ADC 模型研究和应用[J]. 装甲兵工程学院学报,2007,21(2):5-7.

[48] 宋吉鹏,乔晓林,沈雅琴. 一种 Fuzzy AHP 与 ADC 方法结合的效能评估应用[J]. 火力与指挥控制,2008,33(12):91-94.

[49] 辛明军,李伟华,何华灿. 分布式问题求解方案的模糊综合评价模型及其算法实现[J]. 计算机工程与应用,2001(15):40-42.

[50] Thomas Stäblein. Theoretical versus actual product variety:how much customisation do customers really demand? [J]. International Journal of Operations & Production Management,2011,31(3):350-370.

[51] Martin Christopher. "Supply chain 2.0":managing supply chains in the era of turbulence [J]. Physical Distribution & Logistics Management,2011,41(1):63-82.

[52] Danuta Kisperska-Moron. The selected determinants of manufacturing postponement within supply chain context:An international study [J]. Int. J. Production Economics,2011,133(1):192-200.

[53] Bozarth C C. The impact of supply chain complexity on manufacturing plant performance [J]. Journal of Operations Management,2009(27):78-93.

[54] Flaathen K O. A Methodology to Find overall System Effectiveness in a Multicriterion Environment Using Surface to Air Missile Weapon Systems as an Example[R]. Naval Postgraduate School Monterey CA,1981:10-13.

[55] 王乃超,康锐. 备件需求产生、传播及解析算法研究[J]. 航空学报,2008,29(5):1163-1167.

[56] 刘天华,张志华,程文鑫. Weibull 型备件需求量确定方法[J]. 海军工程大学学报,2010,22(006):101-106.

[57] 郝建林. 二元泊松回归模型及其推广模型的应用:[硕士学位论文]. 长春:吉林大学,2010:7-13.

[58] Kennedy W J, Patterson J W, Fredensall L D. An overview of re-cent literature on spare parts inventories[J]. International Journal of Production Economics, 2002, 76(2):201-215.

[59] Levner E, Perlman Y, Cheng T C E, et al. A network approach to modeling the multi-echelon spare-part inventory system with back-orders

and interval-valued demand [J]. International Journal of Production Economics,2011,132(1):43 – 51.

[60] Siddiqi A, de Weck O L. Spare parts requirements for space missions with reconfigurability and commonality[J]. Journal off Spacecraft and Rockets, 2007, 44(1):147 – 155.

[61] Wong H, van Houtum G J, Cattrysse D, et al. Multi-item spare parts systems with lateral transshipments and waiting time constraints[J]. European of Operational Research, 2006, 171(3):1071 – 1093.

[62] 蔡泽明,康锐,龙军. 面向系统优化的备件动态配置方法[J]. 系统工程与电子技术,2010,32(11):2363 – 2366.

[63] 王国祥,王美义,高聪杰. 以库存成本为中心的航空备件决策分析[J]. 数学的实践与认识,2009,39(9):5 – 8.

[64] Stefanovic D, Stefanovic N, Radenkovic B. Supply network modeling and simulation methodology[J]. Simulation Modeling Practice and Theory, 2009, 17(4):743 – 766.

[65] Lee L H,Chew E P, Teng S, et al. Multi-objective simulation-based evolutionary algorithm for an aircraft spare parts allocation problem [J]. European Journal of Operational Research,2008,189(2):476 – 491.

[66] 刘喜春,王磊,许永平,等. 战时可修复备件供应保障优化模型[J]. 系统工程与电子技术学报,2010,32(12):2595 – 2598.

[67] 杨宇航,赵建民,李志忠. 备件管理系统仿真研究[J]. 系统仿真学报,2004,16(5):981 – 986.

[68] 王乃超,康锐. 基于备件保障概率的多级库存优化模型[J]. 航空学报,2009,30(6):1043 – 1047.

[69] 郑龙生,华兴来,张勇,等. 基于熵的装备精确保障系统备件组合预测模型[J]. 装备指挥技术学院学报,2011,22(3):30 – 33.

[70] 鄂卫波,李旭昌,杨维群. 基于可靠度的武器系统备件需求模型分析[J]. 弹箭与制导学报,2007,21(1):332 – 336.

[71] 李保华,杨云. 备件需求预测模型研究[J]. 航空维修与工程,2008 (5):59 – 61.

[72] 尹晓飞,马瑞萍,唐震. 基于使用度的导弹初始备件需求模型[J]. 四川兵工学报,2009,30(2):26 – 28.

[73] 朱帮助. 组合预测模型在区域物流需求预测中的应用[J]. 经济地

理,2008,28(6):952-954.

［74］陈华友.组合预测方法有效性理论及应用［M］.北京:科学出版社,2008:40-44.

［75］王德金.基于熵权法的电力中长期负荷组合预测［D］.北京:华北电力大学,2007:22-33.

［76］Kim S-H, Cohen M A, Netessine S. Performance contracting in after-sales service supply chains［J］. Management Science, 2007, 53(12): 1843-1858.

［77］Gyongyi Kovács, Tatham P. Responding to disruptions in the supply network—from dormant to action ［J］. Journal of Business Logistics, 2009, 30(2):215-229.

［78］Macfarlan W G, Mansir B. Supporting the warfighter through performance-based contracting ［J］. Defense Standardization Program Journal, 2004, 7(9): 38-43.

［79］Ho William. Multi-criteria decision making approaches for supplier evaluation and selection: A literature review ［J］. European Journal of Operational Research, 2010, 202(1): 16-24.

［80］Rejc Jure. The measuring and control system for improved model based diastat filling quality［J］. Expert Systems with Applications, 2013, 40(1): 64-74.

［81］Huang Hsiang-Cheh. Hierarchy-based reversible data hiding［J］. Expert Systems with Applications, 2013, 40(1): 34-43.

［82］Dechow Patricia. Understanding earnings quality: A review of the proxies, their determinants and their consequences［J］. Journal of Accounting and Economics, 2010, 50(2-3): 344-401.

［83］Gómez-Miñambres. Motivation through goal setting ［J］. Journal of Economic Psychology, 2012, 33(6):1223-1239.

［84］Gunasekaran A. A framework for supply chain performance measurement ［J］. International Journal of Production Economics, 2004, 87(3):333-347.

［85］陈海兵,梁加红.装备供给保障系统的建模研究［J］.计算机仿真,2007,24(8):8-15.

［86］Liao Shu-Hsien. Data mining techniques and applications-A decade review from 2000 to 2011[J]. Expert Systems with Applications, 2012, 39(12): 303 - 311.

[87] Ferreira Aldónio. The design and use of performance management systems: An extended framework for analysis[J]. Management Accounting Research, 2009, 20(4): 263 - 282.

[88] 刘阳, 高军, 赵苏, 等. 基于供应链管理的战时装备供应保障业务流程重组[J]. 军械工程学院学报, 2006, 18(2): 33 - 35.

[89] Graham John R. The economic implications of corporate financial reporting[J]. Journal of Accounting and Economics, 2005, 40(1 - 3): 3 - 73.

[90] Sana S, Goyal S K, Chaudhuri K S. A production-inventory model for a deteriorating item with trended demand and shortages [J]. European Journal of Operational Research, 2004, 157(2): 357 - 371.

[91] Zanoni S, Zavanella L. Model and analysis of integrated production-inventory the case of steel production [J]. International Journal of Production Economics, 2005(93): 197 - 205.

[92] 秦绪伟, 范玉顺, 尹朝万, 等. 备随机需求下的选址——库存配送系统集成规划模型及算法[J]. 控制理论与应用, 2006, 23(6): 853 - 860.

[93] 康重庆, 夏清, 相年德, 等. 序列运算理论及其应用[M]. 北京: 清华大学出版社, 2003.

[94] Miles Lawrence D. Techniques of value analysis and engineering [M]. New York: McGraw-Hill, 1972.

[95] Gruneberg S, Hughes W P, Ancell D. Risk under performance-based contracting in the UK construction sector [J]. Construction Management and Economics, 2007, 25 (7): 691 - 699.

[96] Guide V D R, Jayaraman V, Linton J D. Building contingency planning for closed-loop supply chains with product recovery[J]. Journal of Operations Management, 2003, 21(3): 259 - 279.

[97] Hofmann E. Inventory financing in supply chains: a logistics service provider-approach [J]. International Journal of Physical Distribution & Logistics Management, 2009, 39(9): 716 - 740.

[98] 李正为, 黄俊, 倪现存. 面向航空公司的飞机首批航材计划研究[J]. 航空工程与维修, 2006(03): 52 - 54.

[99] Leuz Christian. Earnings management and investor protection: an

international comparison [J]. Journal of Financial Economics，2003，69 (3)：505 – 527.

[100] Hiller J R, Tollison R D. Incentive versus cost-plus contracts in defense procurement [J]. Journal of Industrial Economics，1978，26(3)：239 – 248.

[101] 刘拥辉,花兴来,叶安健. 一种装备备件配置的优化方法 [J]. 空军雷达学院学报,2003,17(4):48 – 49.

[102] 孙立军,花兴来,张衡. 用价值工程理论确定雷达备件品种 [J]. 空军雷达学院学报,2004,18(4):71 – 73.

[103] 陈凤腾. 航空备件需求预测模型研究[D]. 南京:南京航空航天大学,2008:13 – 17.

[104] 刘明.民用飞机维修规划的智能方法与技术研究[D]. 南京:南京航空航天大学,2007:10 – 13.

[105] 朱绍强,李寿安,李为吉,等. 具有最大可用度的航空备件供应模型[J]. 空军工程大学学报(自然科学版),2005,6(2)：22 – 24.

[106] 梁庆卫,宋保维,贾跃. 鱼雷一次性备件量模糊优化模型研究[J]. 兵工学报,2007,28(6)：700 – 703.

[107] 周健,徐宗昌,刘义乐,等. 一种可修复备件的优化配置模型及算法 [J]. 机械制造,2007,45(2)：52 – 54.

[108] Kumar D U, Nowicki D Ramirez-Marquez J E, Verma D. A goal programming model for optimizing reliability, maintainability and supportability under performance based logistics [J]. International Journal of Reliability, Quality and Safety Engineering, 2007, 14(03)：251 – 261.

[109] Lewis I, Public management and performance-based logistics in the US Department of Defence [J]. International Public Management Review, 2005, 6 (2):116 – 127.

[110] 崔荣春.电信网络备品备件优化配置研究 [J]. 电信技术,2006 (11):83 – 86.

[111] 连翠萍,刘喜春,李群,等.基于仿真优化的飞机维修备件优化问题研究 [J].计算机仿真,2006,23(10):174 – 177.

[112] Yingfeng Zhang. RFID-Enabled Real-Time Manufacturing Information Tracking Infrastructure for Extended Enterprises [EI]. http://link. springer. com/chapter/10. 1007％2F978-3-642-10430-5_128.

基于性能（PBL）的航空备件保障方法研究

[113] 尚柏林,张恒喜,刘晓东.飞机后续备件供应保障系统面向对象仿真 [J]. 系统工程与电子技术,2001,23(7)：38 - 40.

[114] 田瑾,赵廷弟,刘铮.备件供应保障系统的动力学原理及动态性研究 [J]. 航空学报,2007,28(5)：1104 - 1109.

[115] 赵刚,刘会永.备件优化配置模型研究 [J]. 电信技术,2005(10)：31 - 34.

[116] 张建宇,韩国柱,陈明.武器系统备件储备量的遗传算法求解 [J]. 军械工程学院学报,2005,17(3)：36 - 38.

[117] 张勇,邱静,刘冠军,等.基于非齐次泊松过程和统计仿真的故障样本模拟生成[J].机械工程学报,2012,48(15):75 - 82.

致　　谢

我的这篇论文能够完成,首先最应该感谢的是我的导师——左洪福教授,这八年来他从论文选题到研究方法,以及研究理论方面都给了我莫大的帮助,从论文选题的 PBL 保障策略,到方法论中的理论,再到航空备件的保障内容等等方面他都给了我很多的启迪。左老师治学严谨,一丝不苟,严格要求我们,使得我们在学习和研究中少走弯路,少犯错误,特别感谢左老师;还有就是左老师诙谐、幽默的语言风格也给我留下了深刻的印象,他常常能用生动、幽默的事例把高深的理论讲解透彻,使我们紧张的研究工作不再枯燥,我非常喜欢这种语言风格,感谢左老师!

我还要感谢民航学院的曹力教授和陈果教授,他们在百忙之中抽时间评阅我的论文,并提出了很多、很好、很中肯的建议,非常感谢他们。感谢我的答辩老师龚烈航教授、刘红星教授、孙有朝教授、王帮峰教授、曹力教授、陈果教授、左洪福教授放弃周六的休息时间为我们举行答辩会,我的感谢之情千言万语、万语千言也无法表达。实验室的许娟老师、孙见忠老师,他们帮助我审阅论文,使用画图工具、公式编辑器,以及帮我装软件,查资料等,这些无私的帮助我终生难忘,谢谢他们! 感谢实验室的吉菲老师,她经常给我鼓励和帮助,使我能够鼓起勇气完成学业,谢谢您! 再有就是实验室的学习氛围,也是我非常喜欢的,在这里大家相互帮助,共同探讨问题,彼此取长补短,从周围的师弟、师妹们身上我学到了很多,感谢他们! 感谢实验室的师兄妹们!

感谢一直支持我在职攻读博士学位的南京财经大学的领导和同事们,这些年你们给了我莫大的支持和照顾,在此深深地感谢你们!

还要特别感谢我的父母和家人,我的父母他们都年近 80 了,还时时关心我的学业,给我莫大的安慰。

"人"字的结构就是相互支撑,在左老师的学术团队中,我来了,我学了,我收获了,人走了,但心留下来了,过去的、现在的、未来的,我都满怀感恩,难忘的南航生活,难忘的科学馆,难忘的实验室生活,难忘的左老师,难忘的民航学院的老师,难忘的团队中的老师们、师弟师妹们,这么多年来,感谢你们!

盛海潇

2013 年 12 月